南京航空航天大学管理预测、决策与优化研究丛书

系统可靠性：签名计算与分析

达高峰　丁维勇　著

科学出版社

北京

内 容 简 介

本书主要介绍近几年来作者在系统签名理论方面的研究成果，内容侧重于系统签名的度量特征，主要探讨如何更有效地从系统结构出发来计算签名，以及签名作为可靠性度量的年龄性质等，这些结果对系统签名在可靠性中获得更深入的应用至关重要。此外，本书还介绍了文献中已有的系统签名的一些扩展，包括多状态系统签名、多类型系统签名、概率签名、耦合系统签名以及有序系统签名等理论，力求使读者对系统签名理论有较为全面的认识。

本书对从事系统可靠性理论及应用的国内相关科研人员（包括相关专业的研究生及本科生）有重要的参考价值，也可供有关工程技术人员使用。

图书在版编目（CIP）数据

系统可靠性：签名计算与分析 / 达高峰，丁维勇著. —北京：科学出版社，2022.9

（南京航空航天大学管理预测、决策与优化研究丛书）

ISBN 978-7-03-066915-5

Ⅰ. ①系… Ⅱ. ①达… ②丁… Ⅲ. ①电子签名技术–研究 Ⅳ. ①TN918.912

中国版本图书馆 CIP 数据核字（2020）第 225426 号

责任编辑：李　嘉 / 责任校对：贾娜娜
责任印制：张　伟 / 封面设计：无极书装

科 学 出 版 社 出版
北京东黄城根北街 16 号
邮政编码：100717
http://www.sciencep.com
北京盛通数码印刷有限公司 印刷
科学出版社发行　各地新华书店经销
*
2022 年 9 月第　一　版　开本：720×1000　1/16
2023 年 2 月第二次印刷　印张：8 3/4
字数：176 000

定价：88.00 元

（如有印装质量问题，我社负责调换）

序　　言

可靠性理论与工程的发展离不开同仁的努力工作，尤其是年轻一辈的辛勤奋斗。《系统可靠性：签名计算与分析》的出版，无疑是为可靠性领域又增添了新的知识与工具，同时，也是国内可靠性研究成果的一个重要展现。

作为一名在可靠性领域奋斗了三十多年的工作者，非常高兴为达高峰和丁维勇两位本领域优秀年轻学者的专著《系统可靠性：签名计算与分析》写序言，这不仅是对可靠性青年俊才工作的鼓励，更是为可靠性优秀成果的出现而贺喜。随着以大数据和人工智能为代表的新的科技时代的开启，可靠性也面临许多新的机遇与挑战。可靠性理论与工程要想立足科技之林，必须要有自己的理论、方法、工具与应用市场。系统可靠性中的 Signature（作者翻译为：签名）是描述系统可靠性特征的一类重要指标，它为深入理解复杂系统的可靠性相关问题提供了一个重要工具。目前，系统签名是可靠性中非常活跃的一个方向，其相关概念不断涌现，理论研究与应用日趋深入与广泛。同时我们也看到，对系统签名的研究属于应用基础研究，这方面的研究工作理论性强、难度大，因此，作为年轻学者能够静下心来专门研究实属难能可贵，我再次对他们的工作与贡献表示祝贺。

该书主要聚焦于签名方面有关的基本概念、计算方法、相关性质、齐次两状态和齐次三状态系统的签名、非齐次系统的签名等内容。目前，关于系统签名的专著只有 Samaniego 教授在 2007 年出版的 *System Signatures and Their Applications in Engineering Reliability*。《系统可靠性：签名计算与分析》是第二本系统签名的专著，也是第一本系统签名的中文专著。系统签名的内容与我自己有一些缘分。在我所读的可靠性论文中，Samaniego 教授于 1985 年在 *IEEE Transactions on Reliability* 上发表的论文 On closure of the IFR class under formation of coherent systems 是给我印象和记忆最深刻的论文之一。记得于 2002 年 6 月在挪威 Trondheim 召开的第三届 MMR（Mathematical Methods in Reliability）国际会议（可靠性数学理论、方法及其应用国际大会）上，第一天午餐时我正巧与 Samaniego 教授相对而坐，相互进行了自我介绍。我当时隐约记得他就是那篇 IEEE 论文的作者，但又不敢肯定，因此我向 Samaniego 教授进行了求证，当得到肯定的回答之后，便开启了我与“系统签名”的缘分，尽管在这篇论文中这一指标和方法还没有被正式命名为Signature。多年后，我与我的学生在*Naval Research Logistics*和*Advances in Applied Probability*上均发表了关于系统签名方面的相关论文，也算对这个缘分的一个回报吧。

目前，系统签名的研究主要集中在独立同分布和可交换的假设条件下，这两个条件相对于系统签名的应用来说似乎有一些苛刻，但这也为进一步的研究开辟了新的空间，该书的第 7 章对这些条件之外的系统签名进行了一些讨论。另外，随着对系统签名研究的继续与深入，新的系统签名一定会被发掘出来，相关的系统签名的计算、界的估计、系统签名性质、系统年龄相关问题、系统的随机比较、单元的优化配置和系统签名应用的开展等方面也会呈现出一些优秀的成果。同时，我也坚信系统签名和可靠性的其他成果一样一定会有新的应用领域。因此，该书在可靠性的未来发展过程中一定会起到积极的作用与影响。最后，祝两位可靠性青年俊才在系统签名及可靠性的相关领域有更多的成果，为系统可靠性的研究作出更大的贡献。

崔利荣　教授

北京理工大学管理与经济学院

2021年10月

前　言

系统签名的概念是 20 世纪 80 年代由著名统计学家 Samaniego 等所提出的，因其在系统可靠性分析中的独到优势，近年来广泛应用于可靠性分析的诸多方面，如系统或网络可靠性的计算、比较、近似以及统计推断等。毋庸置疑，系统签名已发展为可靠性分析中不可或缺的重要工具之一。然而，在签名被广泛应用的同时，一些重要问题也逐渐显现，如当系统的元件数目较大且结构复杂时，如何高效地计算它的签名，就是一个至关重要的问题，也是一个非常有挑战性的问题。鉴于此，作者近年来围绕签名的计算问题开展了一些研究，取得了一些有意义的结果。本书将这些研究成果进行了整理和归纳，力求较为系统地呈现给读者。

经典的系统签名主要面向可交换元件构成的二状态的系统模型，随着非齐次、多状态系统模型的发展，系统签名也获得了相应的扩展。文献中有许多签名扩展的工作，鉴于篇幅，我们无法一一介绍。本书选择了一些在扩展角度和方向上具有代表性的扩展签名进行介绍，如二元签名、多类型签名、概率签名等，使读者快速地对签名理论有一个较为全面的掌握。

除了较为系统地介绍签名的相关理论，本书的出版还有两个目的：一是期望签名的研究能够在我国推广，吸引更多的青年学者投身到系统签名的研究中，共同发展，共同提高，推动可靠性理论和应用的长足发展；二是抛砖引玉，希望更多优秀的学者能够撰写与签名相关的著作，为签名乃至可靠性的进一步发展奠定坚实的基础。

本书的出版得到了国家自然科学基金项目（71671177，72071110）、中央高校基本科研业务费专项资金（NR2020023）以及南京航空航天大学经济与管理学院出版基金的支持，在此表示感谢！感谢南京航空航天大学经管学院周德群教授、王群伟教授对本书出版给予的关心和支持；感谢中国科学技术大学管理学院胡太忠教授，江苏师范大学数学与统计学院赵鹏教授在本书的写作中提供的宝贵建议！特别感谢北京理工大学管理与经济学院崔利荣教授，在百忙之中阅读了手稿并为本书作序！最后，衷心感谢家人在研究和写作过程中给予的理解和支持！

鉴于作者水平有限，书中难免有疏漏和不足，敬请读者批评指正！

作　者

2021 年 10 月

目　　录

第1章 绪　论

1.1 引　言

在科学技术高速发展的今天，社会生产和人们的日常生活都与各种系统变得密不可分，如交通运输系统、复杂机械系统、通信网络系统、电力系统、互联网系统以及公共服务系统等。这些系统大多呈现结构复杂、元件间关系交错、承载价值巨大、重要性高等特点，一旦失效所造成的损失可能非常严重，甚至是灾难性的。因此，这些复杂系统的可靠性管理问题越来越受到人们的重视。如何对系统可靠性进行科学的评估和分析从而提升可靠性是极具现实意义的重要课题。

可靠性管理，是指基于特定管理目标，在系统可靠性理论和风险管理理论指导下，结合工程实际，科学地对可靠性工程技术活动进行规划、组织、协调、控制和监督等。可靠性数学理论是指导可靠性管理的基础理论之一，在可靠性管理中扮演着非常关键的角色。可靠性数学理论源于第二次世界大战期间对战机、武器等复杂机械装备可靠性的研究，经过半个多世纪的发展，现已成为面向各类复杂系统，综合概率、统计、运筹、图论等学科的理论和方法对可靠性作定量研究的理论，内容丰富且应用广泛。

一般来说，可靠性数学理论主要包含三个重要分支，分别是结构可靠性、随机可靠性和统计可靠性。结构可靠性侧重分析系统的结构对系统可靠性或性能的影响，随机可靠性侧重对系统或者元件的寿命分布进行建模，而统计可靠性或者可靠性统计侧重基于实际或实验数据对系统寿命分布和相关度量进行统计推断。其中，结构可靠性的角色更为基础。结构可靠性是以著名的应用概率统计学家 Birnbaum 等于 20 世纪中叶所建立的关联系统理论作为基本框架，以概率、统计和运筹中相关理论和方法为主要工具，通过对系统年龄行为、性能比较、维修策略优化等多个方面的研究，分析系统的结构对可靠性的影响机制，揭示系统运行的行为规律，寻求提高可靠性的方法和策略（Barlow and Proschan，1981）。

结构函数是关联系统理论中最基本的概念，它是系统工作状态关于元件工作状态的函数，基于这一函数关系，系统结构被完整刻画。结构函数的引入，为系统的可靠性分析提供了基本方法。给定系统的结构函数和元件的可靠性，系统的可靠性（函数）可以通过简单的概率计算获得，而当要比较两个系统的性能优劣时，可以直接比较结构函数的大小或者可靠性函数的大小。然而，在实际应用中，直接使用结构函数在很多时候却并不方便。例如，当用结构函数来表征一个系统结构时，它是依赖元件编号的，也就是说，对于同一个（非对称）系统结构，当交换某两个元件的编号时，系统的结构函数会发生变化，表明同一个系统结构可以具有不同的结构函数（本质上等价，但因编号而异导致形式不同）。这就使得我们在一般情形下较难通过结构函数直接来判定不同的系统是否具有相同的结构。此外，在系统性能比较中，当系统元件数目较大时，直接比较结构函数或可靠性多项式会导致很高的复杂性。

系统签名（system signature），作为系统结构的概率化表示，能够很好地克服上述结构函数在使用中的不足。一个 n 元件关联系统的签名被定义为一个 n 维概率向量，它的第 i 个分量是“元件的第 i 次失效恰好导致了系统的失效”的概率。当元件寿命独立同分布时，签名完全由系统结构决定。直观上，签名向量的尾部分量和越大，表示系统的结构越好，反之亦然。因此，签名能够较为直观地反映系统的结构优良性或稳健性。在计算系统可靠性时，签名扮演着一般关联系统到 n 中取 k 系统的纽带角色。当元件寿命独立同分布时（或可交换），系统可靠性可以表示成 n 中取 k 系统的可靠性关于签名的混合，这一混合表示使得 n 中取 k 系统的部分相关研究结果可以通过签名作为纽带应用到一般关联系统上。同时，签名也是系统可靠性比较的有力工具，它的使用往往能够简化问题并产生更强的结论，达到事半功倍的效果。一个典型的例子是 Singh H 和 Singh R S（1997）与 Kochar 等（1999）分别运用可靠性多项式和签名独立地证明了 n 中取 k 结构下元件层面的冗余在特定随机序意义下优于系统层面冗余的结果，相比较而言，Kochar 等基于签名方法的证明过程更简洁而且获得了更强的结果。

系统签名的概念最早可以追溯到著名学者 EI-Neweihi 等于 1978 年在研究串并联系统可靠性时提出的“系统寿命长度（life length）”的概念。EI-Neweihi 等（1978a）将签名看作系统可靠性的一种度量，开展了串并联系统签名的计算和年龄性质问题研究。Samaniego 于 1985 年在研究系统关于元件年龄性质封闭性的问题中独立地提出了这一概念（并未正式命名为签名），并且建立了系统可靠性关于签名的混合表示，基于这一重要表示，系统对元件 IFR（失效率递增，increasing failure rate）性质封闭的充分必要条件被建立。Samaniego 的工作首次开启了系统签名应用的大门，同时，他所建立的系统可靠性关于签名的混合表示为签名的进一步应用奠定了基础。Kochar 等（1999）首次使用了“签名”这一名称，并将其用于系统可靠性的比较，基于 Samaniego 建立的签名混合表示，他们建立了系统可靠性关于签名随机序的封闭性质，这一封闭性质为系统可靠性比较提供了新方法，充分展示了签名在可靠性比较中所具有的独特优势。Kochar 等（1999）的工作在可靠性领域中引起了较大的反响，随后，很多著名的学者如 Shaked、Boland、Block 等开始对系统签名展开进一步的研究。2007 年，Samaniego 出版了 *System Signatures and Their Applications in Engineering Reliability* 一书，该书系统介绍了签名的基本理论及其在工程可靠性中的相关应用。作为签名的第一本专著，它的面世为后续签名理论的发展起到了很大的推动作用。

在签名的研究中，计算问题一直都是最受关注的问题之一，因为签名的计算效率能够直接决定签名应用的深度和广度。EI-Neweihi 等（1978a）最早讨论了串并联系统签名的计算问题，呈现了几种计算签名的方法和公式，然而，这些方法和公式仅适用于串并联系统，很难推广到一般系统结构下。Boland（2001）首次在一般系统结构下建立了签名基于系统路集数目的计算公式。Boland 的公式不仅从路集的角度重新诠释了签名的含义，也为计算系统签名提供了非常重要的方法。然而，当系统结构较为复杂或者元件数目较大时，运用 Boland 公式计算系统签名往往比较复杂。Da 等（2012）首次讨论了模块系统签名的快速计算问题，提出了模块系统的分块计算方法，并建立了串联模块系统、并联模块系统以及冗余系统签名的分块计算公式，这些公式能够大幅降低模块系统签名计算的复杂性。这一工作也使得探索签名有效算法随即成为领域内关注的焦点问题，之后，很多学者在这一问题的研究中做出了很好的成果。签名的计算是本书介绍和讨论的第一个主要问题。第 3 和第 4 章将系统介绍一般系统签名的计算方法和模块系统的分块计算方法。

可靠性度量是签名的基本属性，年龄性质研究是认识这一度量的有效途径。EI-Neweihi 等（1978a）证明了串并联系统的签名具有 NBU（新比旧好，new better than used）年龄性质，并且猜想这一年龄性质可以加强到 IFR。随后，Ross 等（1980）证明了 EI-Neweihi 等的猜想，并进一步证明了一般关联系统的签名具有 IFRA（失效率平均递增，increasing failure rate average）性质。EI-Neweihi 等和 Ross 等的工作为签名年龄性质的研究奠定了重要基础。第 5 章将系统介绍签名的年龄性质，并着重讨论签名的 IFR 性质，扩展 EI-Neweihi 等和 Ross 等的工作。

在近几年有关签名的研究中，签名的扩展是非常重要的一个方面。众多学者对经典签名理论进行了全方位的扩展，提出了很多广义的签名概念，例如，混合系统签名、旧系统条件签名、系统概率签名、多状态系统签名以及多类型系统签名等。这些扩展工作不但丰富了系统签名的理论，也为进一步解决系统可靠性问题提供了新的思路和方法。第 6、第 7 章分别介绍两类扩展签名，分别是三状态系统二元签名及其计算和多类型系统签名与可靠性比较。对于其他签名扩展工作，将在第 8 章做简要回顾。

近十年来，系统签名理论和应用都有飞跃式的发展，签名已经成为系统可靠性分析中不可或缺的重要工具，与签名相关的研究也已成为系统可靠性分析中最具活力的领域之一。在可预见的将来，签名理论的进一步发展必将催生可靠性理论研究中一系列新的突破。希望本书的出版能够进一步推动系统签名理论的发展，也期望对我国的系统可靠性研究有所裨益。

1.2 章节内容简介

第 2 章首先简要回顾关联系统基本框架，包括结构函数、路集、割集的定义，以及系统可靠性的结构函数表达，最小割集和路集表达等。接下来，系统回顾签名的概念，以及一些经典的结果，包括基于签名的系统 IFR 性质封闭定理，系统可靠性基于签名的混合表达，Boland 的签名计算公式等。

第 3 章和第 4 章主要介绍签名的计算方法。第 3 章介绍一般系统设置下，如何通过系统的最小割集、最小路集、系统的可靠性多项式等计算系统的签名。第 4 章主要介绍模块系统的签名算法，分别介绍独立模块和非独立模块系统的签名基于模块（子系统）签名与组织结构的计算方法。对于非独立模块系统情形，引入了一个全新的概念——分解签名，基于这一概念，成功建立了非独立模块系统签名的相关计算方法。

第 5 章主要介绍系统签名的年龄性质，包括签名 SSLSF（生存函数对数星型，star shape log survival function）与 IFRA 性质，着重讨论了签名 IFR 性质的充分条件，即具有何种特征的系统其签名具有 IFR 性质。

第 6 章将系统签名的概念扩展至（二状态元件构成的）三状态系统框架下，称为二元系统签名。介绍二元系统签名相关理论，包括三状态系统可靠性基于二元签名的混合表达、二元签名与系统路集（割集）的关系，以及三状态模块系统签名算法等。

第 7 章将系统签名的概念扩展到多类型系统框架下，主要介绍多类型系统签名的概念、基本性质以及它在非齐次系统可靠性比较中的应用。

第 8 章将介绍文献中其他三类重要的扩展签名，概率签名、耦合系统签名以及有序系统签名，介绍这些签名的概念、计算以及一些重要性质如混合表示等。

1.3 记号与假设

除非特别说明，本书中所考虑的系统均为关联系统，元件的寿命假定为无结点并可交换。本书的单调递增（递减）指单调非减（非增）。此外，为了阅读方便，将本书常用的一些记号或定义罗列如下。

（1）ϕ 表示系统的结构函数，ϕ^D 表示其对偶系统的结构函数。

（2）对任意的正整数 n，$[n]$ 表示集合 $\{1,2,\cdots,n\}$；Π_n 表示 $[n]$ 的所有排列构成的集合。

（3）对任意的 $A\subseteq[n]$，$\phi(A)=\phi(\boldsymbol{x}_A)$，$\boldsymbol{x}_A=\left(\mathbb{I}_{(i\in A)}\right)_{1\leqslant i\leqslant n}$，$\mathbb{I}_{(\cdot)}$ 表示示性函数。

（4）$\boldsymbol{s}$，$\overline{\boldsymbol{S}}$ 和 $\boldsymbol{S}$ 分别表示一个 n 元件系统的签名向量（矩阵）、生存签名向量（矩阵）和累积签名向量（矩阵）；当表示一个向量时

$$\boldsymbol{s}=(s_1,s_2,\cdots,s_n)$$

$$\overline{\boldsymbol{S}}=(\overline{S}_0,\overline{S}_1,\cdots,\overline{S}_{n-1})$$

$$\boldsymbol{S}=(S_1,S_2,\cdots,S_n)$$

当表示一个矩阵时，$\boldsymbol{s}=\left(s_{i,j}\right)_{1\leqslant i,j\leqslant n}$，$\overline{\boldsymbol{S}}=\left(\overline{S}_{i,j}\right)_{0\leqslant i,j\leqslant n-1}$ 和 $\boldsymbol{S}=\left(S_{i,j}\right)_{1\leqslant i,j\leqslant n}$。

（5）对随机变量 $X_1,X_2,\cdots,X_n$，记 $X_{i:n}$ 表示第 i 小的次序统计量，$X_{0:n}\equiv 0$。

（6）定义 $\binom{a}{b}=0$，当 $b>a$ 或者 $a=0$ 时。

（7）对任意的实数序列 $a_1,a_2,\cdots$，定义 $\min\limits_{i\in\varnothing}a_i=\infty$，$\max\limits_{i\in\varnothing}a_i=-\infty$，$\varnothing$ 表示空集。

（8）$\lfloor a\rfloor$，$\lceil a\rceil$ 分别表示实数 a 的下取整和上取整。

第 2 章　可靠性与系统签名

本章主要介绍系统签名的概念以及与签名有关的重要理论结果。首先介绍关联系统的一些基本概念，如结构函数、路集与割集、对偶系统、系统可靠性函数等，这些结果对于理解系统签名的概念是必要的。在签名的重要理论结果介绍中，重点回顾基于签名的 Boland 公式、系统 IFR 性质封闭性定理与签名随机序封闭性定理等。

2.1　关联系统与可靠性

2.1.1　结构函数与路割集

现代社会中，“系统”一词再熟悉不过。人体本身就是一个由多个器官构成的生物系统，而不同功能的器官又构成了一些更具体的系统，如呼吸系统、神经系统、生殖系统等。随着科学技术的进步，人们的生产生活与各类系统变得密不可分，如计算机或手机的操作系统，建筑物的空调、照明系统，汽车的传动、电路系统，飞机的飞控、通信系统，以及一个城市或地区的交通、电力系统等。那么什么是系统呢？系统一词来源于英文 System，意指由若干部分相互联系、相互作用，形成的具有某些功能的整体。我国著名科学家钱学森认为，系统是由相互作用相互依赖的若干组成部分结合而成的、具有特定功能的有机整体，而且这个有机整体又是它从属的更大系统的组成部分。

对于系统而言，有两个重要的因素，一是构成系统的“部分”，二是这些“部分”构成系统的形式，或者它们与系统的关系。基于这二者，我们可以描述或定义一个系统。在系统可靠性理论中，上述的“部分”称为系统的“元件”，而元件构成系统的形式或者与系统的关系由一个所谓的“结构函数”来描述。本节将简要回顾关联系统与系统可靠性的基本框架。

考虑一个 n 元件系统，用 $x_i \in \{0,1\}$ 表示元件 i 的工作状态，$x_i = 1$ 表示元件 i 工作，而 $x_i = 0$ 表示元件 i 不工作（失效），$i \in [n]$；记 $\boldsymbol{x} = (x_1, x_2, \cdots, x_n) \in \{0,1\}^n$ 为元件的（工作）状态向量。系统结构函数的定义如下。

定义 2.1　系统的结构函数是一个从 $\{0,1\}^n$ 到 $\{0,1\}$ 的映射，即 $\phi: \{0,1\}^n \to \{0,1\}$，对任意的元件状态向量 $\boldsymbol{x} \in \{0,1\}^n$，$\phi(\boldsymbol{x}) = 1$ 表示对应 $\boldsymbol{x}$ 系统工作，$\phi(\boldsymbol{x}) = 0$ 表示对应 $\boldsymbol{x}$ 系统失效。

串联系统和并联系统是两类非常简单但重要的系统模型。串联系统是指系统工作当且仅当所有的元件都工作，而并联系统指系统失效当且仅当所有的元件都失效，等价地，并联系统工作当且仅当至少有一个元件工作。容易写出串联系统和并联系统的结构函数：

$$\phi_s(\boldsymbol{x}) = \min(x_1, x_2, \cdots, x_n) = \prod_{i=1}^{n} x_i$$

和

$$\phi_p(\boldsymbol{x}) = \max(x_1, x_2, \cdots, x_n) = 1 - \prod_{i=1}^{n}(1 - x_i) \underline{\underline{\mathrm{def}}} \coprod_{i=1}^{n} x_i$$

n 中取 k 模型是一类常见的重要系统模型。n 中取 k 模型是 n 中取 $k:F$ 模型和 n 中取 $k:G$ 模型的总称。n 中取 $k:F$ 模型是指一个 n 元件的系统失效当且仅当至少有 k 个元件失效，等价地，它工作当且仅当至少有 $n-k+1$ 个元件工作；n 中取 $k:G$ 模型是指一个 n 元件的系统工作当且仅当至少有 k 个元件工作，等价地，它失效当且仅当至少有 $n-k+1$ 个元件失效。显然，n 中取 $k:F$ 模型等价于 n 中取 $n-k+1:G$ 模型，而 n 中取 $k:G$ 模型等价于 n 中取 $n-k+1:F$ 模型。因此，这两类模型本质上没有区别。如无特殊说明，本书提到 n 中取 k 模型时意指 n 中取 $k:F$ 模型。

对于任意的 $j \in [n]$，记 $a_{j:n}$ 表示任意 n 个实数 $\{a_1, a_2, \cdots, a_n\}$ 中第 j 小的值，则 n 中取 k 模型的结构函数为

$$\phi_{k/n}(\boldsymbol{x}) = x_{k:n}, \quad k \in [n]$$

特别地，注意到串联系统是 n 中取 1 模型，并联系统是 n 中取 n 模型，即 $\phi_s(\boldsymbol{x}) = x_{1:n}$，$\phi_p(\boldsymbol{x}) = x_{n:n}$。

再来看两个例子。图 2.1 所示的是一个三元件串并联系统，其中元件 2 与元件 3 并联再与元件 1 进行串联，该系统的结构函数为

$$\phi_{\mathrm{sp}}(x_1, x_2, x_3) = x_1\left(x_2 \coprod x_3\right) = x_1\left(1 - (1 - x_2)(1 - x_3)\right)$$

图 2.2 所示的是一个五元件桥系统，它的结构函数可以表示为

$$\begin{aligned}\phi_{\text{bri}}\left(x_1,x_2,x_3,x_4,x_5\right)=\ &x_1x_4+x_2x_5+x_1x_3x_5+x_2x_3x_4-x_1x_2x_3x_4\\&-x_1x_2x_3x_5-x_1x_3x_4x_5-x_1x_2x_4x_5-x_2x_3x_4x_5\\&+2x_1x_2x_3x_4x_5\end{aligned}$$

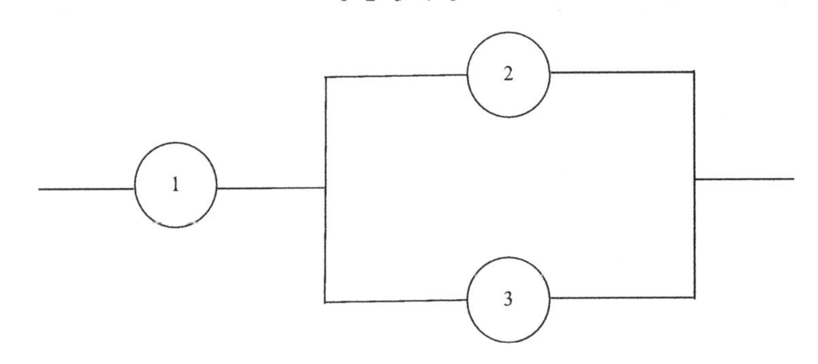

图 2.1　三元件串并联系统

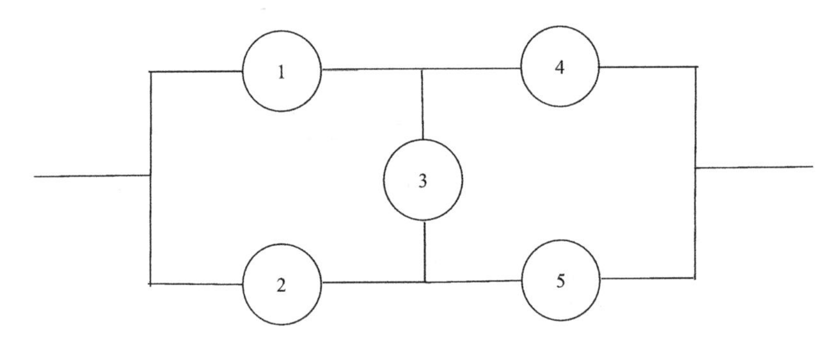

图 2.2　五元件桥系统

从结构函数的定义不难发现，n 个元件能够组成的不同系统（结构函数）共有 2^{2^n} 个，当 n 较大时，这是一个非常庞大的数字。但是，也很容易发现，在所有的 2^{2^n} 个结构函数中，大部分的结构函数是“不合常理”的。例如，当 $n=2$ 时，共有 16 个不同的结构函数，当中就包括如

（1）$\phi(0,0)=\phi(1,0)=\phi(0,1)=\phi(1,1)=0$，$\phi(0,0)=\phi(1,0)=\phi(0,1)=\phi(1,1)=1$这样的“无意义”系统，因为在这些系统中，系统的状态不受元件状态影响；

（2）$\phi(0,0)=0$，$\phi(1,0)=1$，$\phi(0,1)=0$，$\phi(1,1)=1$，在这些系统中，系统的状态完全由元件 1 决定，与元件 2 无关，此时，元件 2 完全可以从系统中剔除；

（3）$\phi(0,0)=0$，$\phi(1,0)=1$，$\phi(0,1)=0$，$\phi(1,1)=0$，在这些系统中，当元件 1 工作时，元件 2 从失效状态提升到工作状态反倒使得系统失效了，这显然有悖常理。

当然不排除上述系统在特定场景下有意义，但一般来讲，它们不符合实际情况。因此，我们仅考虑那些“正常”的系统，即所有的元件都是有用的，每一个元件的状态都能够在特定场合下对系统的状态产生影响，并且任何元件状态的提升都不会对系统状态产生负效应。这样的“正常”系统称为关联系统，下面是关联系统（coherent system）的严格定义。

定义 2.2　一个 n 元件系统称为关联系统，是指它的结构函数 ϕ 是单调递增的并且每个元件都是与系统关联的，即

（1）对任意的 $\boldsymbol{x},\boldsymbol{y}\in\{0,1\}^n$ 且 $\boldsymbol{x}\leqslant\boldsymbol{y}$，$\phi(\boldsymbol{x})\leqslant\phi(\boldsymbol{y})$；

（2）对任意的元件 $i\in[n]$，存在至少一个 $n-1$ 维的状态向量 $(x_1,\cdots,x_{i-1},x_{i+1},\cdots,x_n)$，使得

$$\phi(x_1,\cdots,x_{i-1},1,x_{i+1},\cdots,x_n)>\phi(x_1,\cdots,x_{i-1},0,\ x_{i+1},\cdots,x_n)$$

上述定义中的（1）表明系统状态不会随着元件状态的增加而减小，（2）表明每一个元件在合适的情形下（其他元件处于某个特定状态）都能直接决定系统的状态，即存在至少一个 $n-1$ 维的状态向量 $(x_1,\cdots,x_{i-1},x_{i+1},\cdots,x_n)$，有

$$\phi(x_1,\cdots,x_{i-1},1,x_{i+1},\cdots,x_n)=1$$

而

$$\phi(x_1,\cdots,x_{i-1},0,x_{i+1},\cdots,x_n)=0$$

当把系统的范围缩小到关联系统时，n 个元件构成的系统数目骤然减少，但依然是个庞大的数字（n 较大时），因为系统数目是关于元件数目 n 指数级递增的（当增加一个元件时，采用与原系统串联或并联的方式即可使得关联系统数目翻倍）。已知 n=2 时，系统数目为 2，即串联或者并联系统，当 n=3，4 时，系统数目分别为 5 和 20，而当 n=30 时，系统数目超过 10^9。对于一般的 n，系统数目的确切值很难给出，但文献中有一些与之有关的界的研究，如 Kleitman 和 Markowsky（1975）等。

接下来介绍关联系统框架中另外两个非常重要的概念——路集和割集。

定义 2.3　对任意的一个 n 元件系统，其元件集合记为 $[n]$。

（1）若元件集合 $P\subset[n]$ 中所有的元件工作能够使得系统工作，则称 P 为系统的路集；若 P 的任何真子集不再是一个路集，则称 P 为系统的最小路集；

（2）若元件集合$C\subset[n]$中所有的元件失效能够使得系统失效，则称C为系统的割集；若C的任何真子集不再是一个割集，则称C为系统的最小割集。

对于n元件串联系统来说，只存在一个路集也是最小路集$P=[n]$，最小割集有n个，分别是$C_i=\{i\}$，$i\in[n]$；而并联系统，只存在一个割集也是最小割集$C=[n]$，最小路集有n个，分别是$P_i=\{i\}$，$i\in[n]$。对于图2.2所示的桥系统，不难得到它的最小路集有

$$P_1=\{1,4\},\ P_2=\{2,5\},\ P_3=\{1,3,5\},\ P_4=\{2,3,4\}$$

最小割集有

$$C_1=\{1,2\},\ C_2=\{4,5\},\ C_3=\{1,3,5\},\ C_4=\{2,3,4\}$$

对于路集和割集，有如下基本的事实：

（1）包含任意路集（割集）的元件集合肯定是路集（割集）；

（2）任意两个最小路集（割集）都没有互相包含的关系；

（3）所有的最小路集（割集）的并构成了整个元件集合；

（4）若$P(C)$是系统的一个最小路集（割集），D是$P(C)$的一个真子集，则$\bar{D}$是系统的一个割集（路集）。

仅对（3）做点讨论。若假设存在一个元件i不属于任何一个最小路集，注意到关联系统的元件关联性，必然存在一个$n-1$维的其他元件状态向量$(x_1,\cdots,x_{i-1},x_{i+1},\cdots,x_n)$，使得当其他元件处于对应状态时，系统的状态等于元件i的状态。注意到集合

$$A=\left\{j\in[n]\backslash i:\ x_j=1\right\}$$

不是一个路集，而$A\bigcup\{i\}$一定是一个路集，并且$A\bigcup\{i\}$所包含的最小路集必然包含元件i，这与假设矛盾。同理可讨论最小割集情形，故（3）成立。特别地，事实（2）和（3）也提供了通过最小路集（割集）构建所有关联系统的方法。

注意到，系统工作等价于至少有一个最小路集工作（即最小路集内的所有元件都工作），而系统失效等价于至少有一个最小割集失效（即最小割集内的所有元件都失效），那么，若记系统ϕ的最小路集为$P_1,P_2,\cdots,P_r$，最小割集为$C_1,C_2,\cdots,C_k$，立即有结构函数基于最小路集或最小割集的表达

$$\phi(\boldsymbol{x})=\max_{1\leqslant j\leqslant r}\min_{i\in P_j}x_i=\min_{1\leqslant j\leqslant k}\max_{i\in C_j}x_i$$

或者

$$\phi(\boldsymbol{x})=\coprod_{j=1}^{r}\prod_{i\in P_j}x_i=\prod_{j=1}^{k}\coprod_{i\in C_j}x_i$$

基于这些表达式，可以建立一些有用的系统结构函数的界等，读者可参考 Barlow 和 Proschan（1981）的相关介绍。

2.1.2　系统可靠性

现在假定元件的状态（工作与否）在一个固定的时刻是随机的，此时，系统的状态相应地也是随机的。当给定元件在固定时刻处于工作状态的概率时，系统处于工作状态的概率如何呢？这就是系统的可靠性问题。

考虑一个 n 元件系统，其结构函数为 ϕ。固定一个时刻 t，记伯努利随机变量 I_i 表示元件 i 在某时刻的状态，$I_i=1$ 表示元件工作，而 $I_i=0$ 表示元件失效，$i\in[n]$，则系统在该时刻的状态为 $\phi(\boldsymbol{I})$ 也是一个伯努利随机变量，这里 $\boldsymbol{I}=(I_1,I_2,\cdots,I_n)$，称系统在该时刻工作的概率

$$P(\phi(\boldsymbol{I})=1)=E[\phi(\boldsymbol{I})]$$

为系统在该时刻的可靠性。进一步，假定元件状态相互独立，即随机向量 $\boldsymbol{I}=(I_1,I_2,\cdots,I_n)$ 相互独立，记 $\boldsymbol{p}=(p_1,p_2,\cdots,p_n)$，其中 $p_i=P(I_i=1)$ 为元件的可靠性，$i\in[n]$，称

$$h(\boldsymbol{p})=P(\phi(\boldsymbol{I})=1)=E[\phi(\boldsymbol{I})]$$

为系统的可靠性函数。

例如，串联系统的可靠性函数

$$h_s(\boldsymbol{p})=E\left[\prod_{i=1}^{n}I_i\right]=\prod_{i=1}^{n}p_i$$

并联系统的可靠性函数

$$h_p(\boldsymbol{p})=E\left[\coprod_{i=1}^{n}I_i\right]=\coprod_{i=1}^{n}p_i$$

图 2.1 所示的三元件串并联系统的可靠性函数

$$h_{\text{sp}}(p_1,p_2,p_3)=p_1\left(1-(1-p_2)(1-p_3)\right)$$

图 2.2 所示的五元件桥系统的可靠性函数

$$h_{\text{bri}}(p_1,p_2,p_3,p_4,p_5)=p_1p_4+p_2p_5+p_1p_3p_5+p_2p_3p_4-p_1p_2p_3p_4 \\ -p_1p_2p_3p_5-p_1p_3p_4p_5-p_1p_2p_4p_5-p_2p_3p_4p_5 \\ +2p_1p_2p_3p_4p_5$$

一般地，若给定系统的最小路集为 $P_1,P_2,\cdots,P_r$，则有

$$h(\boldsymbol{p})=P\left(\bigcup_{j=1}^{r}\left\{\prod_{i\in P_j}I_i=1\right\}\right)=P\left(\bigcup_{j=1}^{r}\bigcap_{i\in P_j}\{I_i=1\}\right)$$

根据容斥公式，上式可以写作

$$h(\boldsymbol{p})=\sum_{j=1}^{r}(-1)^{j+1}B_j$$

其中，

$$B_j=\sum_{1\leqslant i_1<i_2<\cdots<i_j\leqslant r}P\left(\bigcap_{k\in\bigcup_{l=1}^{j}P_{i_l}}\{I_k=1\}\right),\ j\in[r]$$

注意到元件状态是独立的，故对任意的 $j\in[r]$，

$$B_j=\sum_{1\leqslant i_1<i_2<\cdots<i_j\leqslant r}P\left(\bigcap_{k\in\bigcup_{l=1}^{j}P_{i_l}}\{I_k=1\}\right)=\sum_{1\leqslant i_1<i_2<\cdots<i_j\leqslant r}\prod_{k\in\bigcup_{l=1}^{j}P_{i_l}}p_k$$

最终有

$$h(\boldsymbol{p})=\sum_{j=1}^{r}\sum_{1\leqslant i_1<i_2<\cdots<i_j\leqslant r}(-1)^{j+1}\prod_{k\in\bigcup_{l=1}^{j}P_{i_l}}p_k \tag{2.1}$$

若给定系统的最小割集 $C_1,C_2,\cdots,C_k$，类似地，可以得到

$$h(\boldsymbol{p})=1-P\left(\bigcup_{j=1}^{k}\bigcap_{i\in C_j}\{I_i=0\}\right)=1-\sum_{j=1}^{k}\sum_{1\leqslant i_1<i_2<\cdots<i_j\leqslant k}(-1)^{j+1}\prod_{k\in\bigcup_{l=1}^{j}C_{i_l}}(1-p_k) \tag{2.2}$$

特别地，当元件状态 $\boldsymbol{I}$ 独立同分布时，记 $p_1=p_2=\cdots=p_n=p$，

$$h(p)=P(\phi(\boldsymbol{I})=1)$$

称 $h(p)$ 为系统的可靠性多项式。显然，串联系统的可靠性多项式为 $h_s(p)=p^n$，并联系统的可靠性多项式为 $h_p(p)=1-(1-p)^n$，而 n 中取 k 系统的可靠性多项式为

$$h_{k/n}(p)=\sum_{i=n-k+1}^{n}\binom{n}{i}p^i(1-p)^{n-i}$$

一般地，最小路集和最小割集给定时，根据系统的可靠性多项式（2.1）和式（2.2）有

$$h(p)=\sum_{j=1}^{r}\sum_{1\leqslant i_1<i_2<\cdots<i_j\leqslant r}(-1)^{j+1}p^{\left|\bigcup_{l=1}^{j}P_{i_l}\right|} \tag{2.3}$$

或者

$$h(p)=1-\sum_{j=1}^{k}\sum_{1\leqslant i_1<i_2<\cdots<i_j\leqslant k}(-1)^{j+1}(1-p)^{\left|\bigcup_{l=1}^{j}C_{i_l}\right|}$$

由式（2.3）不难看出，任意 n 元件系统的可靠性多项式有如下形式：

$$h(p)=\sum_{i=1}^{n}d_i p^i \tag{2.4}$$

其中，多项式系数向量 $\boldsymbol{d}=(d_1,d_2,\cdots,d_n)$ 称为系统的 domination 向量。

最后介绍系统的寿命模型。记元件的寿命随机向量为 $\boldsymbol{X}=(X_1,X_2,\cdots,X_n)$，$T$ 为系统的寿命，如何求得 T 的生存函数 $P(T>t)$？事实上，很容易看到，$P(T>t)$ 即系统在时刻 t 处的可靠性，而元件 i 在时刻 t 的状态

$$I_i=\mathbb{I}_{(X_i>t)},\quad i\in[n]$$

则

$$P(T>t)=P\left(\phi\left(\mathbb{I}_{(X_1>t)},\mathbb{I}_{(X_2>t)},\cdots,\mathbb{I}_{(X_n>t)}\right)=1\right)=E\left[\phi\left(\mathbb{I}_{(X_1>t)},\mathbb{I}_{(X_2>t)},\cdots,\mathbb{I}_{(X_n>t)}\right)\right]$$

特别地，当元件寿命向量 $\boldsymbol{X}$ 独立时，

$$P(T>t)=h(\boldsymbol{p})$$

其中

$$p_i=P(X_i>t),\quad i\in[n]$$

此外，当给定系统的最小路集或最小割集时，T 可以表示为 $\boldsymbol{X}$ 的函数

$$T=\max_{1\leqslant j\leqslant r}\min_{i\in P_j}X_i=\min_{1\leqslant j\leqslant k}\max_{i\in C_j}X_i \tag{2.5}$$

这一表示在计算系统寿命可靠性函数时非常有用。

2.2 系统签名

2.2.1 签名概念

事实上，对于任意的一个关联系统，若它的元件寿命没有结点（即不同元件在任意时刻同时发生失效的概率为 0），则系统的失效必然与某次的元件失效同时发生（这一点也可以从式（2.5）看到），也就是说，若记$X_{i:n}$是$X_1,X_2,\cdots,X_n$的第 i 个次序统计量，表示第 i 次元件失效的时间，$i\in[n]$，则

$$P\left(\bigcup_{i=1}^{n}\{T=X_{i:n}\}\right)=\sum_{i=1}^{n}P\left(T=X_{i:n}\right)=1$$

对于任意的$i\in[n]$，事件$\{T=X_{i:n}\}$表示系统的寿命与第i次元件失效的时间相同，也就是"系统的失效恰好由第i次元件失效直接导致"。记

$$s_i=P\left(T=X_{i:n}\right),\quad i\in[n]$$

考虑事件

$$\{T>X_{i:n}\}=\bigcup_{j=i+1}^{n}\{T=X_{j:n}\},\quad 0\leqslant i\leqslant n-1$$

表示"前i次的元件失效没有导致系统的失效"，记它的概率为$\overline{S}_i$，则有

$$\overline{S}_i=\sum_{j=i+1}^{n}P\left(T=X_{j:n}\right)=\sum_{j=i+1}^{n}s_j$$

对于较大的i，较大的$\overline{S}_i$说明系统的"抗毁性"或"韧性"比较好，或者简单地说系统可靠性较高。例如，串联系统一定在第一个元件失效发生时也发生了失效，即$s_1=1$，故对于任意的$i\geqslant 1$，$\overline{S}_i=0$，表明串联结构可靠性不高，而并联系统一定在最后一个元件失效时才发生失效，即$s_n=1$，故对于任意的$1\leqslant i\leqslant n-1$，$\overline{S}_i=1$，表明并联系统的可靠性很好。对于 n 中取 k 系统，显然$s_k=1$，故对任意的$i\geqslant k$，$\overline{S}_i=0$，表明 k 越大系统的可靠性越高。

并不是所有的系统都像 n 中取 k 系统这样非常容易地获得概率 s_i。通常，s_i 的计算需要通过考虑元件失效排序并结合系统结构来完成。例如，考虑图 2.1 的三元件串并联系统，表 2.1 列出了该系统所有的元件失效排序以及不同排序对应的系统寿命，根据这些排序与系统寿命的对应，可以计算

$$s_1 = P(X_1 < X_2 < X_3) + P(X_1 < X_3 < X_2)$$

$$s_2 = P(X_2 < X_1 < X_3) + P(X_2 < X_3 < X_1) + P(X_3 < X_2 < X_1) + P(X_3 < X_1 < X_2)$$

和

$$s_3 = 0$$

其中，元件失效排序的概率可以通过元件寿命分布来计算。然而若假定元件寿命可交换，则所有元件失效排序的概率都相同，即

$$P(X_i < X_j < X_k) = \frac{1}{3!}$$

则可以得到

$$s_1 = \frac{1}{3!} + \frac{1}{3!} = \frac{1}{3}$$

$$s_2 = 4 \times \frac{1}{3!} = \frac{2}{3}$$

$$s_3 = 0$$

注意到 (s_1, s_2, s_3) 与元件的寿命无关。

表 2.1　图 2.1 中三元件串并联系统元件失效排序与对应寿命

元件失效排列	系统寿命 T
$X_1 < X_2 < X_3$	$X_{1:3}$
$X_1 < X_3 < X_2$	$X_{1:3}$
$X_2 < X_1 < X_3$	$X_{2:3}$
$X_2 < X_3 < X_1$	$X_{2:3}$
$X_3 < X_2 < X_1$	$X_{2:3}$
$X_3 < X_1 < X_2$	$X_{2:3}$

事实上，对于一般的 n 元件系统，当假定元件寿命可交换时，对任意的 $i \in [n]$，

$$s_i = \frac{\#\{\text{第}i\text{次元件失效导致系统失效的元件失效排序}\}}{n!} \tag{2.6}$$

它与元件的寿命分布无关，而只与系统的结构有关，此时，称 $\boldsymbol{s}=(s_1,s_2,\cdots,s_n)$ 为系统的签名。下面给出签名及其相关概念的严格定义。

定义 2.4　考虑一个 n 元件系统，假设元件寿命向量 $\boldsymbol{X}=(X_1,X_2,\cdots,X_n)$ 无结点（即对任意的 $i\neq j$，$P(X_i=X_j)=0$）且可交换。

（1）系统的签名向量定义为概率向量 $\boldsymbol{s}=(s_1,s_2,\cdots,s_n)$，其中第 i 个分量，$i\in[n]$，

$$s_i = P(T = X_{i:n})$$

（2）系统的生存签名向量定义为 $\bar{\boldsymbol{S}}=(\bar{S}_0,\bar{S}_1,\cdots,\bar{S}_{n-1})$，其中

$$\bar{S}_i = \sum_{j=i+1}^{n} s_j$$

（3）系统的累积签名向量定义为 $\boldsymbol{S}=(S_1,S_2,\cdots,S_n)$，其中

$$S_i = \sum_{j=1}^{i} s_j$$

在上述定义中，n 元件系统的签名、生存签名和累积签名向量都被定义为 n 维向量，但在有些时候，为了表达或推导的方便，也将生存签名和累积签名向量扩展为 $n+1$ 维向量即 $\bar{\boldsymbol{S}}=(\bar{S}_0,\bar{S}_1,\cdots,\bar{S}_n)$，$\boldsymbol{S}=(S_0,S_1,\cdots,S_n)$，其中，$\bar{S}_0\equiv 1$，$\bar{S}_n\equiv 0$，$S_0\equiv 0$，$S_n\equiv 1$。图 2.1 中三元件串并联系统的签名向量为

$$\boldsymbol{s} = \left(\frac{1}{3},\frac{2}{3},0\right)$$

运用同样的计算方法，可以计算图 2.2 所示的五元件桥系统的签名向量为

$$\boldsymbol{s} = \left(0,\frac{1}{5},\frac{3}{5},\frac{1}{5},0\right)$$

但是，基于式（2.6）的计算方法会带来很大的计算量，第 3 章会给出其他一些较为简便的计算签名的方法。

从定义 2.4 不难看出，n 元件系统的签名向量（生存签名向量、累积签名向量）本质上是某个支撑为[n]的离散随机变量的概率质量函数（生存函数、分布函数），显然，这个随机变量应为“恰好导致系统失效的失效元件数目”或者“系统发生失效时失效元件的数目”，记作 N，那么

$$s_i = P(N = i), \quad i \in [n]$$
$$\overline{S}_i = P(N > i), \quad 0 \leqslant i \leqslant n-1$$
$$S_i = P(N < i), \quad i \in [n]$$

则称 N 为系统的签名变量。

最后，需要指出一点，在上述定义签名的过程中，一个默认的假定是在 0 时刻所有元件都处于工作状态，而随着时间的推移，元件相继从工作状态变化为失效状态，因此签名的定义是基于“失效”过程而建立的。事实上，也可以对偶地定义一个基于“工作”过程的签名：假定 0 时刻所有的元件都是失效的，随着时间的推移，元件相继从失效状态改变为工作状态，此时可以定义系统的“工作”签名为 $\boldsymbol{s}' = (s_1', s_2', \cdots, s_n')$，其中，$s_i'$ 为“第 i 次元件的工作导致系统工作的概率”。然而，很容易从式（2.6）中看到签名和工作签名间存在如下关系：

$$s_i' = s_{n-i+1}, \ i \in [n]$$

基于这一关系，可以得到对偶系统的签名与原系统签名的关系：系统 ϕ 的对偶系统的结构函数为

$$\phi^D(\boldsymbol{x}) = 1 - \phi(1 - \boldsymbol{x})$$

因此对偶系统的失效过程对应于原系统的工作过程，则对偶系统的签名

$$s_i^D = s_{n-i+1}, \quad i \in [n] \tag{2.7}$$

对应地，生存签名

$$\overline{S}_i^D = S_{n-i}, \quad 0 \leqslant i \leqslant n-1 \tag{2.8}$$

2.2.2　几个重要性质

接下来回顾几个签名相关的重要结果。首先介绍系统签名的基本定理，文献中称为系统可靠性的签名混合表示。

定理 2.1　假设一个 n 元件系统的元件寿命向量 $\boldsymbol{X} = (X_1, X_2, \cdots, X_n)$ 可交换且无结点，则该系统的寿命生存函数可表示为

$$P(T > t) = \sum_{i=1}^{n} s_i P(X_{i:n} > t), \quad t > 0 \tag{2.9}$$

特别地，当元件寿命独立同分布于分布函数 $F(t)$ 时，有

$$P(T > t) = \sum_{j=1}^{n} \overline{S}_{n-j} \binom{n}{j} (\overline{F}(t))^j (F(t))^{n-j} = \sum_{i=0}^{n-1} \overline{S}_i \binom{n}{i} (F(t))^i (\overline{F}(t))^{n-i} \tag{2.10}$$

证明 由全概率公式和签名定义，得到如下分解形式

$$P(T>t)=\sum_{i=1}^{n}P(T>t,\ T=X_{i:n})=\sum_{i=1}^{n}P(T>t\mid T=X_{i:n})P(T=X_{i:n})$$

$$=\sum_{i=1}^{n}P(T>t\mid T=X_{i:n})s_i=\sum_{i=1}^{n}P(X_{i:n}>t\mid T=X_{i:n})s_i$$

由于$\{T=X_{i:n}\}$只与元件寿命的排列有关，与元件寿命次序统计量的大小无关，故与事件$\{X_{i:n}>t\}$相互独立。因此，系统的生存函数进一步可表示为

$$P(T>t)=\sum_{i=1}^{n}s_iP(X_{i:n}>t)$$

当元件寿命独立同分布时，次序统计量的生存函数为

$$P(X_{i:n}>t)=\sum_{j=n-i+1}^{n}\binom{n}{j}\left(\overline{F}(t)\right)^{j}\left(F(t)\right)^{n-j}$$

代入上式，则有

$$P(T>t)=\sum_{i=1}^{n}s_i\sum_{j=n-i+1}^{n}\binom{n}{j}\left(\overline{F}(t)\right)^{j}\left(F(t)\right)^{n-j}$$

$$=\sum_{j=1}^{n}\left(\sum_{i=n-j+1}^{n}s_i\right)\binom{n}{j}\left(\overline{F}(t)\right)^{j}\left(F(t)\right)^{n-j}$$

$$=\sum_{j=1}^{n}\overline{S}_{n-j}\binom{n}{j}\left(\overline{F}(t)\right)^{j}\left(F(t)\right)^{n-j}$$

$$=\sum_{j=0}^{n-1}\overline{S}_{j}\binom{n}{j}\left(F(t)\right)^{j}\left(\overline{F}(t)\right)^{n-j}$$

证毕。

定理 2.1 给出了系统可靠性基于系统签名的表达，类似于式（2.9）和式（2.10），系统寿命的分布函数也可以表示为

$$P(T\leqslant t)=\sum_{i=1}^{n}s_iP(X_{i:n}\leqslant t)$$

而当元件寿命独立同分布时，

$$P(T\leqslant t)=\sum_{i=1}^{n}S_i\binom{n}{i}\left(F(t)\right)^{i}\left(\overline{F}(t)\right)^{n-i}$$

上述的可靠性的签名混合表示是系统签名最重要的理论结果之一，其充分体现了

签名在一般关联系统与 n 中取 k 系统之间的纽带作用以及对系统结构和元件寿命的剥离作用，这种纽带和剥离作用为分析系统的可靠性提供了极大的方便。在下面的讨论中将很清晰地看到这一点。

首先介绍 Boland 公式。相比于表达式（2.10），系统的生存函数也可以写作

$$P(T>t)=\sum_{i=1}^{n}P(T>t|t\text{ 时刻有 }i\text{ 个元件工作})P(t\text{ 时刻恰有 }i\text{ 个元件工作}) \tag{2.11}$$

注意到元件独立同分布的假定，容易得到

$$P(t\text{ 时刻恰有 }i\text{ 个元件工作})=\binom{n}{i}\left(\bar{F}(t)\right)^{i}\left(F(t)\right)^{n-i},\ i\in[n]$$

以及

$$P(T>t|t\text{ 时刻恰有 }i\text{ 个元件工作})=\frac{\gamma_i}{\binom{n}{i}},\ i\in[n]$$

其中，γ_i 表示系统 i 阶路集的个数，故这一条件概率就是系统 i 阶路集占总的 i 阶元件集的比例。将上面二式代入式（2.11），产生

$$P(T>t)=\sum_{i=1}^{n}\frac{\gamma_i}{\binom{n}{i}}\binom{n}{i}\left(\bar{F}(t)\right)^{i}\left(F(t)\right)^{n-i} \tag{2.12}$$

对比式（2.10）和式（2.12），立即得到

$$\bar{S}_i=\frac{\gamma_{n-i}}{\binom{n}{i}},\quad 0\leqslant i\leqslant n-1 \tag{2.13}$$

故签名的第 i 个分量

$$s_i=\bar{S}_{i-1}-\bar{S}_i=\frac{\gamma_{n-i+1}}{\binom{n}{i-1}}-\frac{\gamma_{n-i}}{\binom{n}{i}},\quad i\in[n]$$

文献中称式（2.13）为 Boland 公式（Boland，2001），它为生存签名提供了一个很好的解释——$\bar{S}_i$ 是给定有 i 个元件失效时系统未失效的条件概率，恰为系统 $n-i$ 阶路集所占的比例。同时，Boland 公式也为计算系统签名提供了一个有效途径。

下面再介绍两个重要的封闭性结果，分别是系统 IFR 年龄性质和签名随机序封闭性定理。

假定元件寿命独立同分布，并且具有密度函数 $f(t)$，则系统寿命的密度函数可计算如下：

$$f_T(t)=-\left(\frac{\mathrm{d}}{\mathrm{d}t}\right)P(T>t)=\sum_{i=1}^{n} i s_i \binom{n}{i}\left(F(t)\right)^{i-1}\left(\bar{F}(t)\right)^{n-i} f(t) \quad (2.14)$$

记 $r(t)=f(t)/\bar{F}(t)$ 为元件寿命的失效率函数，则系统的失效率函数可表示为

$$r_T(t)=\frac{f_T(t)}{\bar{F}_T(t)}=\frac{\sum_{i=0}^{n-1}(n-i)s_{i+1}\binom{n}{i}\left(F(t)\right)^{i}\left(\bar{F}(t)\right)^{n-i}}{\sum_{i=0}^{n-1}\bar{S}_i\binom{n}{i}\left(F(t)\right)^{i}\left(\bar{F}(t)\right)^{n-i}}r(t)$$

进一步，记 $H(t)=F(t)/\bar{F}(t)$ 为元件分布的几率函数（odds function），则系统的失效率函数为

$$r_T(t)=\frac{\sum_{i=0}^{n-1}(n-i)s_{i+1}\binom{n}{i}\left(H(t)\right)^{i}}{\sum_{i=0}^{n-1}\bar{S}_i\binom{n}{i}\left(H(t)\right)^{i}}r(t)$$

从上式容易看出，如果元件寿命是 IFR 的（失效率函数 $r(t)$ 单调递增），则系统寿命也是 IFR 的，只要

$$w(x)=\frac{\sum_{i=0}^{n-1}(n-i)s_{i+1}\binom{n}{i}x^{i}}{\sum_{i=0}^{n-1}\bar{S}_i\binom{n}{i}x^{i}} \quad (2.15)$$

关于 $x\in(0,\infty)$ 单调递增。这一基本的观察能够很方便地证明如下经典结果。

定理 2.2 考虑一个 n 中取 k 系统，其元件寿命独立同分布于一个 IFR 分布，则系统的寿命也是 IFR 的。

证明 Barlow 和 Proschan（1981）运用凸序的性质证明了该结果，此处利用式（2.15）给出一个更简单的证明。显然，只需证明 n 中取 k 系统下式（2.15）中的 $w(x)$ 关于 $x\in(0,\infty)$ 单调递增。注意到，n 中取 k 系统的签名向量

$$\boldsymbol{s}=(0,\cdots,0_{k-1},1_k,0_{k+1},\cdots,0)$$

则 $w(x)$ 具有简单的形式

$$w(x)=\frac{(n-k+1)\binom{n}{k-1}x^{k-1}}{\sum_{i=0}^{k-1}\binom{n}{i}x^{i}}$$

很容易证明，对任意的 $x>0$，$w(x)$ 的导数 $w'(x)>0$，故 $w(x)$ 关于 x 单调递增，因此，系统的失效率函数递增。

上述 IFR 性质封闭性的结果是签名概念首次在系统可靠性分析中的应用（Samaniego，1985）。在介绍签名随机序封闭性定理之前，先简要介绍随机序的概念。

随机序（stochastic ordering）的概念最早由维也纳数学家 Mann 和美国统计学家 Whitney 于 1947 年提出，其理论在过去 70 多年得到长足发展，形成了包括比较随机变量大小、变异度以及分布形状等多个方面的完备理论。随机序理论广泛地应用于可靠性理论、经济、金融、统计、管理和保险精算等诸多热门研究领域。

定义 2.5 对于两个连续型随机变量 X 和 Y，其生存函数分别为 $\bar{F}_X$ 和 $\bar{F}_Y$，密度函数分别为 f_X 和 f_Y，失效率函数分别为 r_X 和 r_Y。

（1）若对所有的 $t\in\mathbb{R}$，$\bar{F}_X(t)\leqslant\bar{F}_Y(t)$，则称 X 在普通随机序意义下小于 Y，简记为 $X\leqslant_{\mathrm{st}}Y$；

（2）若对所有的 $t\in\mathbb{R}$，$r_X(t)\geqslant r_Y(t)$ 或 $\bar{F}_Y(t)/\bar{F}_X(t)$ 关于 t 单调递增，则称 X 在失效率序意义下小于 Y，简记为 $X\leqslant_{\mathrm{hr}}Y$；

（3）若对所有的 $t\in\mathbb{R}$，$f_Y(t)/f_X(t)$ 关于 t 单调递增，则称 X 在似然比序意义下小于 Y，简记为 $X\leqslant_{\mathrm{lr}}Y$。

定义 2.6 对于两个正离散随机变量 X 和 Y，其概率质量函数分别为 $\{p_{X,i},i=1,2,\cdots\}$ 和 $\{p_{Y,i},i=1,2,\cdots\}$。

（1）若对所有的 $i\geqslant1$，$\sum_{j=i}^{\infty}p_{X,j}\leqslant\sum_{j=i}^{\infty}p_{Y,j}$，则称 X 在普通随机序意义下小于 Y，简记为 $X\leqslant_{\mathrm{st}}Y$；

（2）若对所有的 $i\geqslant1$，失效率函数

$$r_X(i)=\frac{p_{X,i}}{\sum_{j=i}^{\infty}p_{X,j}}\geqslant r_Y(i)=\frac{p_{Y,i}}{\sum_{j=i}^{\infty}p_{Y,j}}$$

或者$\sum_{j=i}^{\infty} p_{Y,j} / \sum_{j=i}^{\infty} p_{X,j}$关于$i \geqslant 1$单调递增，则称$X$在失效率序意义下小于$Y$，简记为$X \leqslant_{\mathrm{hr}} Y$；

（3）若$P_{Y,i} / P_{X,i}$关于$i \geqslant 1$单调递增，则称X在似然比序意义下小于Y，简记为$X \leqslant_{\mathrm{lr}} Y$。

在上述两个定义中分别给出了连续型和离散型随机变量的st、hr和lr随机序概念，它们之间存在下列蕴含关系：

$$X \leqslant_{\mathrm{lr}} Y \Rightarrow X \leqslant_{\mathrm{hr}} Y \Rightarrow X \leqslant_{\mathrm{st}} Y \Rightarrow EX \leqslant EY$$

关于这些序及其相关序的系统讨论，请见Shaked和 Shanthikumar（2007）的相关研究。

在可靠性理论中，系统间的寿命随机比较是研究系统优化的重要方法之一。对一个系统来说，它的可靠性由元件可靠性和系统结构完全决定。因此，当两个系统的所有元件的寿命是独立同分布时，两个系统的可靠性的差别就仅与系统的结构有关。此时，作为刻画系统结构特征的有力工具，签名为比较系统可靠性提供了有效的方法（Kochar et al.，1999）。

定理 2.3　考虑两个n元件系统，假设所有的元件寿命独立同分布。令N_1和N_2分别表示两个系统签名变量，T_1和T_2表示对应系统的寿命。

（1）若$N_1 \leqslant_{\mathrm{st}} N_2$，则$T_1 \leqslant_{\mathrm{st}} T_2$；

（2）若$N_1 \leqslant_{\mathrm{hr}} N_2$，则$T_1 \leqslant_{\mathrm{hr}} T_2$；

（3）若$N_1 \leqslant_{\mathrm{lr}} N_2$，则$T_1 \leqslant_{\mathrm{lr}} T_2$。

定理2.3（1）由式（2.10）可以得到。在给出其余证明之前，先介绍一个重要的引理，它的证明请见Joag-dev 等（1995）的相关研究。

引理 2.1　令$\alpha(\cdot)$和$\beta(\cdot)$是两个实值函数，其中$\beta(\cdot)$是非负的，并且$\beta(\cdot)$和$\alpha(\cdot) / \beta(\cdot)$都是单调递增函数。若随机变量$X \leqslant_{\mathrm{hr}} Y$，则不等式

$$\frac{\int_{-\infty}^{\infty} \alpha(x) \mathrm{d}F(x)}{\int_{-\infty}^{\infty} \beta(x) \mathrm{d}F(x)} \leqslant \frac{\int_{-\infty}^{\infty} \alpha(x) \mathrm{d}G(x)}{\int_{-\infty}^{\infty} \beta(x) \mathrm{d}G(x)}$$

成立，其中F和G分别是X和Y的分布函数。

定理 2.3 的证明　记T_1和T_2的生存函数分别为$\bar{F}_1$和$\bar{F}_2$，密度函数为f_1和f_2，签名向量分别为$\boldsymbol{s}^{(1)}$和$\boldsymbol{s}^{(2)}$。先证明（2）。根据失效率序定义，只需证明$\bar{F}_2(t) / \bar{F}_1(t)$关于$t > 0$单调递增。对于任意的固定的$0 \leqslant x \leqslant y$，下证

$$\frac{\overline{F}_2(x)}{\overline{F}_1(x)} \leqslant \frac{\overline{F}_2(y)}{\overline{F}_1(y)}$$

由式（2.9），上述不等式可以表示为

$$\frac{\sum_{i=1}^{n} s_i^{(2)} P(X_{i:n} > x)}{\sum_{i=1}^{n} s_i^{(1)} P(X_{i:n} > x)} \leqslant \frac{\sum_{i=1}^{n} s_i^{(2)} P(X_{i:n} > y)}{\sum_{i=1}^{n} s_i^{(1)} P(X_{i:n} > y)} \tag{2.16}$$

记

$$\alpha(i) = P(X_{i:n} > y)$$
$$\beta(i) = P(X_{i:n} > x)$$

根据次序统计量的随机性质 $X_{i:n} \leqslant_{\text{hr}} X_{i+1:n}$，可以得到

$$\frac{\alpha(i)}{\beta(i)} \leqslant \frac{\alpha(i+1)}{\beta(i+1)}$$

注意到 $N_1 \leqslant_{\text{hr}} N_2$，由引理 2.1 立即可得不等式（2.16），故结果（2）成立。

对于结果（3），根据似然比序的定义，需要证明 $f_2(t)/f_1(t)$ 在 $(0,\infty)$ 上关于 t 单调递增。根据系统的密度函数表达式（2.14），可以得到

$$\frac{f_2(t)}{f_1(t)} = \frac{\sum_{i=1}^{n} i s_i^{(2)} \binom{n}{i} (H(t))^{i-1}}{\sum_{i=1}^{n} i s_i^{(1)} \binom{n}{i} (H(t))^{i-1}} \tag{2.17}$$

其中，$H(t)$ 为元件分布的几率函数。

式（2.17）在区间 $(0,\infty)$ 上单调递增的一个充分必要条件是，对于任意的实数 c，函数 $f_2 - cf_1(t)$ 的符号随着 t 的递增最多改变一次，且只能从“−”到“+”。令 $x = H(t)$，函数 $f_2 - cf_1(t)$ 可等价表示为

$$t(x) = f_2\left(H^{-1}(x)\right) - cf_1\left(H^{-1}(x)\right)$$
$$= \sum_{i=1}^{n} i \binom{n}{i} \left(s_i^{(2)} - cs_i^{(1)}\right) x^{i-1}$$

注意到 x 是关于 t 的单调递增函数，故只需证明：随着 x 从 0 增长到 ∞，$t(x)$ 的符号最多改变一次，且只能从“−”到“+”。

从形式上来看，$t(x)$是一个以序列$\left\{s_i^{(2)}-cs_i^{(1)}, i\in[n]\right\}$为系数且幂次不超过$n-1$的多项式。进一步，由$N_1\leqslant_{\text{lr}}N_2$，得到似然比函数$p_{2,i}/p_{1,i}$在集合$[n]$上关于$i$单调递增，故对于任意的实数$c$，序列$\left\{s_i^{(2)}-cs_i^{(1)},\ i\in[n]\right\}$的符号随着$i$的增加从“-”到“+”且最多改变一次。根据“笛卡儿符号法则”（任意阶多项式正根的数量不超过系数序列符号变化的次数），则随着x的增加$t(x)$的符号从“-”到“+”且最多改变一次。证毕。

定理 2.3 建立了签名变量间的 st、hr 和 lr 序在系统寿命间的封闭性。根据这一封闭性质，在实际中，当需要比较两个系统的可靠性时，可以直接比较两个系统的签名或者生存签名，从而能够有效降低直接比较两个系统可靠性多项式的复杂性。

2.3 本章小结

本章主要介绍了关联系统可靠性理论中的一些基本概念，包括结构函数、路集、割集、可靠性等，以及系统签名的概念及其基本理论。在系统签名的介绍中，着重介绍了与签名相关的几个经典结果，如 Boland 公式、系统可靠性基于签名的混合表示、两个重要的封闭性定理——系统元件 IFR 封闭性以及签名的随机序封闭性定理，其中 Boland 公式和系统可靠性基于签名的混合表示是签名理论中最基础的两个结果，它们在签名理论和应用的研究中扮演着基础角色。有关系统签名基本概念和性质的更多讨论，可参见 Samaniego（2007）的相关研究。

第 3 章　一般系统签名算法

系统签名计算的重要性不言而喻。如何从已有的系统结构及相关信息中快速获得签名，是系统签名计算研究的主要问题。本章介绍两类主要计算方法，一是如何基于系统可靠性多项式计算系统签名，二是如何从系统最小割集或路集等出发直接计算系统的签名。

3.1　可靠性多项式算法

3.1.1　签名与 Domination

无论从签名的可靠性度量属性还是它的应用来看，签名的计算都是不可回避的重要问题。当然，基于签名的定义和 Boland 公式都为签名的计算提供了最基本的方法，但是这些方法在计算签名时都伴随着较高的复杂度。系统的可靠性多项式是系统可靠性的最直接度量，如何从可靠性多项式中计算出签名是非常值得讨论的问题。

考虑 n 元件关联系统，记系统的可靠性多项式为 $h(p)$，签名和生存签名分别为 $\boldsymbol{s}$ ，$\overline{\boldsymbol{S}}$。回顾式（2.4），即

$$h(p)=\sum_{i=1}^{n}d_i p^i \tag{3.1}$$

其中，$(d_1,d_2,\cdots,d_n)$ 为系统的 domination 向量。另外，由系统可靠性基于生存签名的表达式（2.10）立即可得

$$h(p)=\sum_{i=1}^{n}\overline{S}_{n-i}\binom{n}{i}p^i(1-p)^{n-i} \tag{3.2}$$

接下来给出基于上述两个表达式得到的签名与 domination 之间的转换关系。

首先，在式（3.2）中，运用二项式定理，可得

$$h(p)=\sum_{i=1}^{n}\overline{S}_{n-i}\binom{n}{i}p^{i}(1-p)^{n-i}=\sum_{i=1}^{n}\sum_{j=0}^{n-i}(-1)^{j}\,\overline{S}_{n-i}\binom{n}{i}\binom{n-i}{j}p^{i+j}$$

令 $i+j=k$，并交换求和顺序，有

$$\begin{aligned}h(p)&=\sum_{i=1}^{n}\sum_{k=i}^{n}(-1)^{k-i}\,\overline{S}_{n-i}\binom{n}{i}\binom{n-i}{k-i}p^{k}\\&=\sum_{k=1}^{n}\left(\sum_{i=1}^{k}(-1)^{k-i}\,\overline{S}_{n-i}\binom{n}{i}\binom{n-i}{k-i}\right)p^{k}\\&=\sum_{k=1}^{n}\left(\binom{n}{k}\sum_{i=1}^{k}(-1)^{k-i}\,\overline{S}_{n-i}\binom{k}{i}\right)p^{k}\end{aligned}\tag{3.3}$$

对比式(3.1)和式(3.3)，利用多项式的系数唯一性，可以得到对任意的 $k=1,2,\cdots,n$，有

$$d_{k}=\binom{n}{k}\sum_{i=1}^{k}(-1)^{k-i}\,\overline{S}_{n-i}\binom{k}{i}\tag{3.4}$$

则式（3.4）给出了 domination 基于生存签名的表达式。类似地，也可以写出生存签名基于 domination 的表达。将式（3.1）写作

$$\begin{aligned}h(p)&=\sum_{i=1}^{n}d_{i}p^{i}\left(p+(1-p)\right)^{n-i}\\&=\sum_{i=1}^{n}\sum_{j=0}^{n-i}d_{i}\binom{n-i}{j}p^{i+j}(1-p)^{n-i-j}\\&=\sum_{i=1}^{n}\sum_{k=i}^{n}d_{i}\binom{n-i}{k-i}p^{k}(1-p)^{n-k}\\&=\sum_{k=1}^{n}\left(\sum_{i=1}^{k}d_{i}\binom{n-i}{k-i}\right)p^{k}(1-p)^{n-k}\end{aligned}\tag{3.5}$$

同理，对比式（3.2）和式（3.5），立即可得生存签名基于 domination 的表达：对任意的 $k=0,1,\cdots,n-1$，有

$$\overline{S}_k = \sum_{i=1}^{n-k} d_i \frac{\binom{n-k}{i}}{\binom{n}{i}} \tag{3.6}$$

至此得到了签名和 domination 的转换公式（3.4）和式（3.6）。一般地，若给定一个系统的可靠性多项式，则系统的 domination 立即可得，再利用式（3.6）可以计算生存签名。事实上，在利用系统可靠性多项式计算系统签名时，还可以通过求导运算来完成（Marichal and Mathonet，2013）。这一方法来自一个简单的观察：由式（3.2），容易得到

$$p^n h(1/p) = \sum_{i=1}^{n} \overline{S}_{n-i} \binom{n}{i} (p-1)^{n-i} = \sum_{i=0}^{n-1} \overline{S}_i \binom{n}{i} (p-1)^i \tag{3.7}$$

上式表明 $\overline{S}_i \binom{n}{i}$ 恰为 $p^n h(1/p)$ 中 $(p-1)^i$ 项的系数。这样一来，给定系统可靠性多项式 $h(p)$，根据式（3.7），签名可以用如下方法求得。

步骤 1：将 $h(p)$ 的系数反向重置后得到多项式 $p^n h(1/p)$，即将 p^i 与 p^{n-i} 的系数对调，$i = 1,2,\cdots,n$。

步骤 2：运用泰勒展开将 $p^n h(1/p)$ 写成 $(p-1)^i$ 形式的多项式。

步骤 3：计算 $\overline{S}_i = c(i) / \binom{n}{i}$，其中 $c(i)$ 为 $(p-1)^i$ 项的系数，$i = 0,1,\cdots,n-1$。

基于上述方法计算签名的例子见 3.3 节。

3.1.2　签名阶乘矩

本节介绍一个基于可靠性多项式计算签名随机变量阶乘矩的计算方法（Ross et al.，1980）。假设系统元件寿命 $X_1, X_2, \cdots, X_n$ 独立同分布且服从于分布函数 F。记 $Y_1, Y_2, \cdots, Y_k$ 是另外 k 个服从分布 F 的随机变量，它们与 $X_1, X_2, \cdots, X_n$ 是独立的。记系统的寿命为 T，则根据混合表示有

$$P(Y_{k:k} < T) = \sum_{i=1}^{n} P(Y_{k:k} < X_{i:n}) s_i$$

其中，容易计算

$$P\left(Y_{k:k}<X_{i:n}\right)=\frac{\binom{n}{i-1}}{\binom{n+k}{i-1+k}}=\frac{n!}{(n+k)!}\frac{(k+i-1)!}{(i-1)!}$$

则有

$$\begin{aligned}P\left(Y_{k:k}<T\right)&=\sum_{i=1}^{n}\frac{n!}{(n+k)!}\frac{(k+i-1)!}{(i-1)!}s_i=\sum_{i=1}^{n}\frac{n!}{(n+k)!}i(i+1)\cdots(i-1+k)s_i\\&=\frac{n!}{(n+k)!}E\left[N(N+1)\cdots(N-1+k)\right]\end{aligned} \tag{3.8}$$

另外，运用连续版本全概率公式可得

$$\begin{aligned}P\left(Y_{k:k}<T\right)&=\int_0^{\infty}P(T>u)kF^{k-1}(u)\mathrm{d}F(u)\\&=\int_0^{\infty}h\left(\bar{F}(u)\right)kF^{k-1}(u)\mathrm{d}F(u)\\&=k\int_0^1 h(p)(1-p)^{k-1}\mathrm{d}p\end{aligned} \tag{3.9}$$

综合式（3.8）和式（3.9），可得对任意的$k\geqslant 1$，有

$$E\left[N(N+1)\cdots(N-1+k)\right]=\frac{k(n+k)!}{n!}\int_0^1 h(p)(1-p)^{k-1}\mathrm{d}p$$

3.2　最小割（路）集算法

一般来说，当一个系统结构给定时，意味着系统的最小割集或者路集是已知的。此时，当使用定义、Boland 公式或者 3.1 节介绍的可靠性多项式方法计算签名时，需要先计算一些“中间量”，如应用 Boland 公式（2.13）时，需要计算任意阶路集的个数，显然可靠性多项式方法需要首先得到可靠性多项式。而一般来说，计算这些中间量并不是容易的事情，尤其系统结构较为复杂、元件数目较多时。那么寻找一个从最小割集或路集直接计算签名的方法是非常重要且有意义的事

情。下面介绍这样一个直接算法。

3.2.1　签名的寿命视角

从一个简单的冲击模型开始。考虑一个 n 元件关联系统，假设系统遭受外部冲击，并且外部冲击是造成元件失效的唯一原因。假设冲击只发生在整数时刻 i，$i \geqslant 1$，并且每个时刻有且只有一次冲击。假设每一次冲击都会随机地立即破坏一个处于工作状态的元件，且元件不可修，即每次冲击来临时，会以概率 $1/j$ 选择一个工作元件（设有 j 个工作元件）并且致其失效。记 $\left(X_1^*, X_2^*, \cdots, X_n^*\right)$ 为元件的寿命向量，其中，X_i^* 表示元件 i 的寿命，$i=1,2,\cdots,n$。容易得到该向量的联合概率函数

$$P\left(X_1^*=i_1,\cdots,X_n^*=i_n\right)=\frac{1}{n!},\quad \left(i_1,i_2,\cdots,i_n\right)\in \Pi_n \tag{3.10}$$

其中，Π_n 为[n]的所有排列构成的集合。特别地，边际概率函数为

$$P\left(X_i^*=k\right)=\frac{1}{n},\quad k=1,2,\cdots,n$$

显然，$\left(X_1^*, X_2^*, \cdots, X_n^*\right)$ 是可交换的。

记 T^* 为系统的寿命，T^* 的概率函数等价于该系统的签名

$$P\left(T^*=i\right)=P\left(T^*=X_{i:n}^*\right)=s_i$$

而生存签名对应 T^* 的生存函数

$$\overline{S}_i=\sum_{j=i+1}^{n} s_i=P\left(T^*>i\right),\quad i=0,1,\cdots,n-1 \tag{3.11}$$

这表明 T^* 就是签名随机变量，$N=T^*$。注意到，对任意的 $1\leqslant d,i\leqslant n$，有

$$P\left(\max\left\{X_1^*,X_2^*,\cdots,X_d^*\right\}\leqslant i\right)=\frac{\begin{pmatrix} i\\ d\end{pmatrix}}{\begin{pmatrix} n\\ d\end{pmatrix}} \tag{3.12}$$

以及

$$P\left(\min\left\{X_1^*, X_2^*, \cdots, X_d^*\right\} > i\right) = \frac{\binom{n-i}{d}}{\binom{n}{d}} \tag{3.13}$$

成立。基于以上的模型及讨论，有如下重要命题。

命题 3.1 对于任何一个具有系统结构 φ 的 n 元件关联系统，该系统的签名随机变量是结构为 φ 元件寿命联合分布为式（3.10）的系统的寿命。

命题 3.1 指出，系统签名的计算本质上是计算一个系统的寿命概率函数，这使得签名的计算问题转化为系统寿命分布计算的常规问题。

3.2.2 算法建立

基于命题 3.1，建立如下的算法。

假设一个关联系统有 k 个最小割集，$C_1, C_2, \cdots, C_k$，r 个最小路集，$P_1, P_2, \cdots, P_r$。记 $n_i = \left|C_i\right|$，$i = 1, 2, \cdots, k$，$m_j = \left|P_j\right|$，$j = 1, 2, \cdots, r$。对于任意的子集 $D \subseteq [k]$，记 $n_D = \left|\bigcup_{i \in D} C_i\right|$；对于任意的子集 $V \subseteq [r]$，记 $m_V = \left|\bigcup_{i \in V} P_i\right|$。

下面的定理给出了通过最小割集或最小路集计算系统生存签名的表达式。

定理 3.1 系统生存签名可以表示为：$i = 1, 2, \cdots, n-1$。

$$\bar{S}_i = \sum_{D \subset \{1,2,\cdots,k\}} (-1)^{|D|} \frac{\binom{i}{n_D}}{\binom{n}{n_D}} \tag{3.14}$$

或者

$$\bar{S}_i = \sum_{\substack{V \subset \{1,2,\cdots,r\} \\ |V| \neq 0}} (-1)^{|V|+1} \frac{\binom{n-i}{m_V}}{\binom{n}{m_V}} \tag{3.15}$$

证明 首先证明式（3.14）。根据式（3.11），生存签名可以重写为

$$\bar{S}_i = P\left(T^* > i\right)$$

根据系统寿命的最小割集表示，有

$$\overline{S}_i = P\left(T^* > i\right) = P\left(\min_{1\leqslant j\leqslant k}\max_{l\in C_j} X_l^* > i\right) \tag{3.16}$$

注意到

$$P\left(\min_{1\leqslant j\leqslant k}\max_{l\in C_j} X_l^* > i\right) = 1 - P\left(\left\{\max_{l\in C_1} X_l^* \leqslant i\right\}\cup\ldots\cup\left\{\max_{l\in C_k} X_l^* \leqslant i\right\}\right)$$

现在，运用容斥公式产生

$$P\left(\min_{1\leqslant j\leqslant k}\max_{l\in C_j} X_l^* > i\right) = 1 + \sum_{u=1}^{k}(-1)^u \sum_{j_1<\ldots<j_u}\!\!\cdots\sum P\left(\max_{l\in\bigcup_{h=1}^{u}C_{j_h}} X_l^* \leqslant i\right)$$

记 $d = \left|\bigcup_{h=1}^{u} C_{j_h}\right|$，由等式（3.12）和 X_i^* 的可交换性可知

$$P\left(\max_{l\in\bigcup_{h=1}^{u}C_{j_h}} X_l^* \leqslant i\right) = P\left(X_1^* \leqslant i,\ X_2^* \leqslant i, \cdots, X_d^* \leqslant i\right) = \frac{\binom{i}{d}}{\binom{n}{d}}$$

其中，$u = 1, 2, \cdots, k$。式（3.14）已证明。

对于式（3.15），根据寿命最小路集表示，有

$$P\left(T^* > i\right) = P\left(\max_{1\leqslant j\leqslant r}\min_{l\in P_j} X_l^* > i\right)$$

其余类似于式（3.14）的证明，此处略。

根据定理 3.1，可得签名随机变量的期望关于最小割集或路集的表达式。

推论 3.1　n 元件关联系统的签名随机变量的期望可以表示为

$$\begin{aligned}\mu_s &= \sum_{D\subset\{1,2,\cdots,k\}}(-1)^{|D|}\frac{\binom{n}{n_D+1}}{\binom{n}{n_D}} \\ &= 1 + \sum_{\substack{V\subset\{1,2,\cdots,r\}\\ |V|\neq 0}}(-1)^{|V|+1}\frac{\binom{n}{m_V+1}}{\binom{n}{m_v}}\end{aligned}$$

证明　注意到

$$\mu_s = E\left[T^*\right] = \sum_{i=0}^{n-1}\overline{S}_i$$

以及等式

$$\sum_{m=k}^{n}\binom{m}{k} = \binom{n+1}{k+1}$$

根据式（3.14）和式（3.15）即可得证。

根据定理 3.1，当系统的最小割集或者最小路集已知时，可以计算系统的签名。然而有些时候，获得完全的最小割集或者路集的信息并不容易，也就很难计算签名的精确值。此时，讨论签名的界很有必要。下面的结果建立了最小割集或最小路集容量已知时系统生存签名的上下界。

推论 3.2　n 元件关联系统的生存签名满足，对任意的 $i = 1,2,\cdots,n-1$，

$$\max_{1\leqslant j\leqslant r}\frac{\binom{n-i}{m_j}}{\binom{n}{m_j}} \leqslant \overline{S}_i \leqslant 1 - \max_{1\leqslant j\leqslant k}\frac{\binom{i}{n_j}}{\binom{n}{n_j}}$$

证明　由式（3.16）和式（3.12），可得上界

$$\begin{aligned}\overline{S}_i &= P\left(\min_{1\leqslant j\leqslant k}\max_{l\in C_j} X_l^* > i\right)\\ &\leqslant \min_{1\leqslant j\leqslant k} P\left(\max_{l\in C_j} X_l^* > i\right)\\ &= 1 - \max_{1\leqslant j\leqslant k}\binom{i}{n_j}\Big/\binom{i}{n_j}\end{aligned}$$

另外，由系统寿命的最小路集表示以及式（3.13）可得下界

$$\begin{aligned}\overline{S}_i &= P\left(\max_{1\leqslant j\leqslant r}\min_{l\in P_j} X_l^* > i\right)\\ &\geqslant \max_{1\leqslant j\leqslant r} P\left(\min_{l\in P_j} X_l^* > i\right)\\ &= \max_{1\leqslant j\leqslant r}\binom{n-i}{m_j}\Big/\binom{n}{m_j}\end{aligned}$$

证明完成。

注 3.1　根据定理 3.1，可以直接得到第 2 章所介绍的系统与对偶签名关系

式（2.7）和式（2.8）。

基于定理 3.1，建立算法 3.1 来计算系统签名。

算法 3.1　计算系统签名

输入：最小割集 $C_1,C_2,\cdots,C_k$ 或者最小路集 $P_1,P_2,\cdots,P_r$

输出：系统签名向量 $\boldsymbol{s}$

If $C_1,C_2,\cdots,C_k$ then

计算 $n_1,n_2,\cdots,n_k$ 和 n_D

基于等式（3.14）计算生存签名，$i=1,2,\cdots,n$

Else

计算 $m_1,m_2,\cdots,m_r$ 和 m_V

基于等式（3.15）计算生存签名，$i=1,2,\cdots,n$

End if

计算签名向量 $\boldsymbol{s}$，$s_i=\overline{S}_{i-1}-\overline{S}_i$，$i=1,2,\cdots,n$，其中 $\overline{S}_n=0$

Return 签名向量 $\boldsymbol{s}$

3.3　数值例子

例 3.1　考虑图 2.2 所示的五元件桥系统，第 2 章提到可以用定义计算这个系统的签名，这里采用 3.1 节的 domination 算法来计算它的签名。根据 2.1.2 节给出的该系统的可靠性函数，容易得到它的可靠性多项式为

$$h(p)=2p^2+2p^3-5p^4+2p^5$$

domination 向量为 $(0,2,2,-5,2)$。根据式（3.6）可得系统的生存签名为

$$\overline{\boldsymbol{S}}=\left(1,1,\frac{4}{5},\frac{1}{5},0\right)$$

则系统的签名

$$\boldsymbol{s}=\left(0,\frac{1}{5},\frac{3}{5},\frac{1}{5},0\right)$$

也可以运用求导来计算：

$$p^n h(1/p)=2p^2-5p^3+2p^4+2p^5$$

将 $p^n h(1/p)$ 在 $p=1$ 处泰勒展开，得到

$$p^n h(1/p)=1+5(p-1)+8(p-1)^2+2(p-1)^3$$

运用

$$\bar{S}_i=\frac{c(i)}{\binom{n}{i}}$$

可计算出生存签名，例如

$$\bar{S}_1=\frac{5}{\binom{5}{1}}=1,\quad \bar{S}_2=\frac{8}{\binom{5}{2}}=\frac{4}{5},\quad \bar{S}_3=\frac{2}{\binom{5}{3}}=\frac{1}{5}$$

例 3.2 （1）考虑一个 6 元件关联系统，有最小割集 $C_1=\{1,2\}$，$C_2=\{1,3,4\}$，$C_3=\{1,5,6\}$。根据算法 3.1 计算了以下的量

$$n_1=2,\quad n_2=3,\quad n_3=3$$

并且

$$n_{\{1,2\}}=4,\quad n_{\{1,3\}}=4,\quad n_{\{2,3\}}=5$$

将这些量代入等式（3.14），得到

$$\bar{S}_1=1$$

$$\bar{S}_2=1-\frac{\binom{2}{2}}{\binom{6}{2}}=\frac{14}{15}$$

$$\bar{S}_3=1-\frac{\binom{3}{2}}{\binom{6}{2}}-\frac{\binom{3}{3}}{\binom{6}{3}}-\frac{\binom{3}{3}}{\binom{6}{3}}=\frac{7}{10}$$

$$\bar{S}_4=1-\frac{\binom{4}{2}}{\binom{6}{2}}-\frac{\binom{4}{3}}{\binom{6}{3}}-\frac{\binom{4}{3}}{\binom{6}{3}}+\frac{\binom{4}{4}}{\binom{6}{4}}+\frac{\binom{4}{4}}{\binom{6}{4}}=\frac{1}{3}$$

$$\overline{S}_5=1-\frac{\binom{5}{2}}{\binom{6}{2}}-\frac{\binom{5}{3}}{\binom{6}{3}}-\frac{\binom{5}{3}}{\binom{6}{3}}+\frac{\binom{5}{4}}{\binom{6}{4}}+\frac{\binom{5}{4}}{\binom{6}{4}}+\frac{\binom{5}{5}}{\binom{6}{5}}=\frac{1}{6}$$

因此系统签名为

$$\boldsymbol{s}=\left(0,\frac{1}{15},\frac{7}{30},\frac{11}{30},\frac{1}{6},\frac{1}{6}\right)$$

（2）考虑另一个 6 元件关联系统，其最小路集为 $P_1=\{1,2\}$，$P_2=\{1,3,4\}$，$P_3=\{1,5,6\}$。根据算法 3.1 计算了以下的量

$$m_1=2,\ m_2=3,\ m_3=3$$

和

$$m_{\{1,2\}}=4,\ m_{\{1,3\}}=4,\ m_{\{2,3\}}=5$$

根据等式（3.15），可以计算系统的生存签名

$$\overline{S}_1=\frac{\binom{5}{2}}{\binom{6}{2}}+\frac{\binom{5}{3}}{\binom{6}{3}}+\frac{\binom{5}{3}}{\binom{6}{3}}-\frac{\binom{5}{4}}{\binom{6}{4}}-\frac{\binom{5}{4}}{\binom{6}{4}}-\frac{\binom{5}{5}}{\binom{6}{5}}=\frac{5}{6}$$

$$\overline{S}_2=\frac{\binom{4}{2}}{\binom{6}{2}}+\frac{\binom{4}{3}}{\binom{6}{3}}+\frac{\binom{4}{3}}{\binom{6}{3}}-\frac{\binom{4}{4}}{\binom{6}{4}}-\frac{\binom{4}{4}}{\binom{6}{4}}=\frac{2}{3}$$

$$\overline{S}_3=\frac{\binom{3}{2}}{\binom{6}{2}}+\frac{\binom{3}{3}}{\binom{6}{3}}+\frac{\binom{3}{3}}{\binom{6}{3}}=\frac{3}{10}$$

$$\overline{S}_4=\frac{\binom{2}{2}}{\binom{6}{2}}=\frac{1}{15}$$

并且 $\overline{S}_5=0$，因此，签名向量

$$s=\left(\frac{1}{6},\frac{1}{6},\frac{11}{30},\frac{7}{30},\frac{1}{15},0\right)$$

注意到该系统与（1）中的系统是对偶结构，它们的签名满足式（2.7）给出的关系。

例 3.3　考虑一个 8 元件的关联系统（图 3.1），系统的最小割集为$\{6\}$，$\{2,4\}$，$\{2,5\}$，$\{1,3,4\}$，$\{1,3,5\}$，$\{1,3,7\}$，$\{1,3,8\}$，$\{2,3,7\}$，$\{2,3,8\}$，最小路集为$\{1,2,6\}$，$\{2,3,6\}$，$\{3,4,5,6\}$，$\{4,5,6,7,8\}$。根据算法 3.1，可得该系统签名向量为

$$s=\left(\frac{1}{8},\frac{11}{56},\frac{9}{28},\frac{3}{14},\frac{3}{28},\frac{1}{28},0,0\right)$$

以及签名随机变量的期望为$\mu_s=3.089$。根据推论 3.2，计算了给定最小割集容量和最小路集容量时生存签名的上下界，见图 3.2。

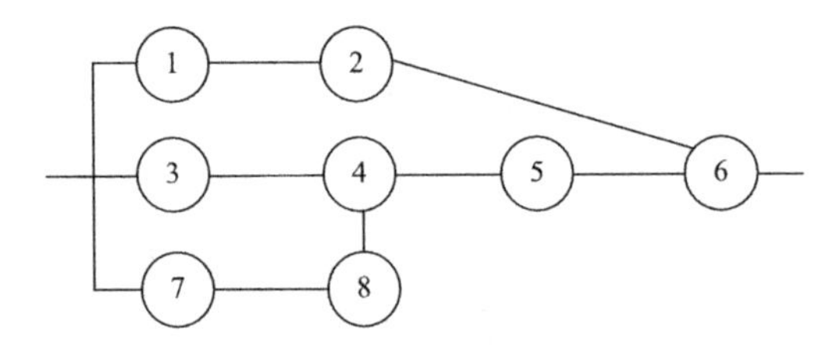

图 3.1　一个 8 元件系统

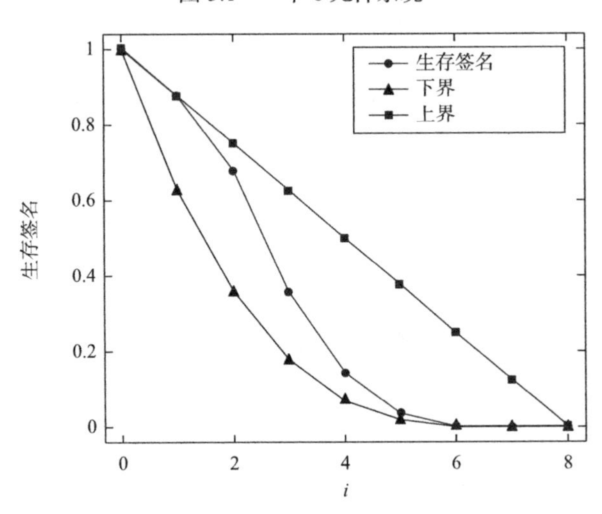

图 3.2　8 元件系统（图 3.1）生存签名及其界

实际上，计算签名离不开计算机编程辅助。R 软件包 ReliabilityTheory 包含了计算系统签名的函数 computeSystemSignature 和 computeSystemSurvivalSignature，这两

个函数分别采用了签名定义和 Boland 公式（2.13）作为主要计算方法（Aslett, 2012）。为了展示算法 3.1 的计算效率，作者编写了这一算法的 R 程序。接下来在具体的例子中运用上述 R 包中的两个计算函数以及我们编写的程序分别开展签名计算，并对计算时间做一个简单的比较。在计算中，所有算法统一的输入变量为系统的最小割集。

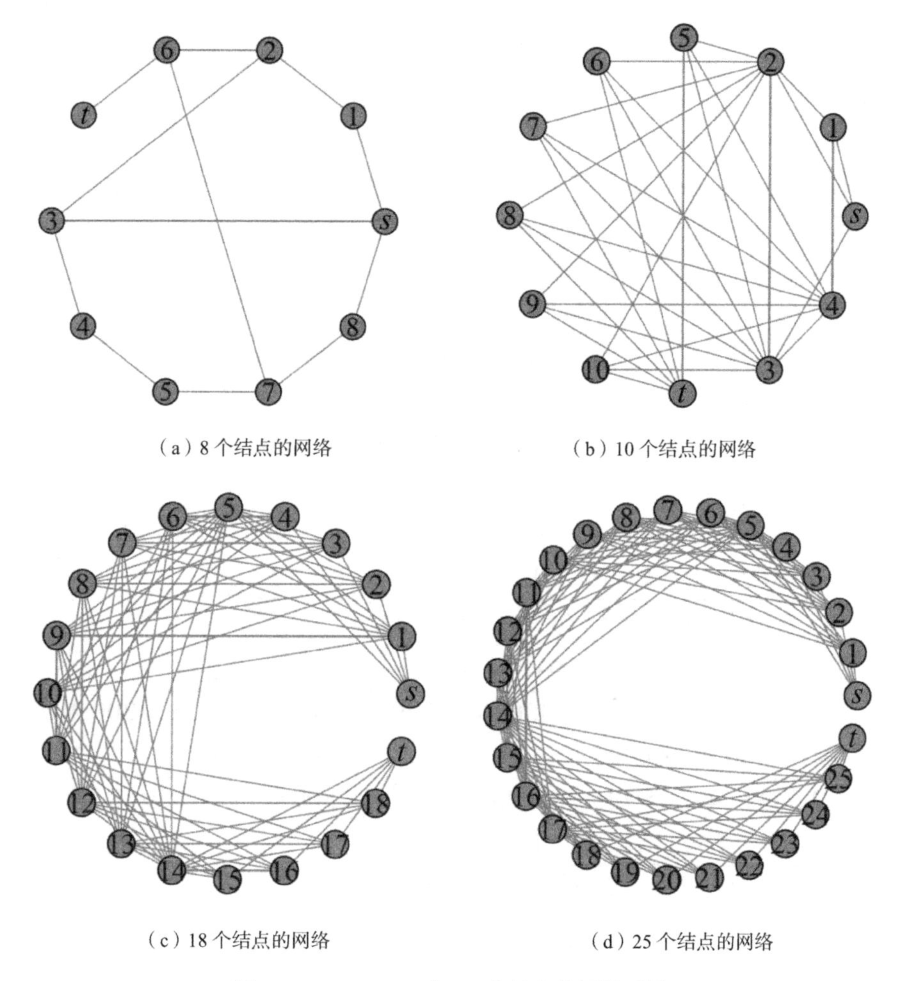

（a）8 个结点的网络　　（b）10 个结点的网络

（c）18 个结点的网络　　（d）25 个结点的网络

图 3.3　8、10、18 和 25 个结点的网络系统

其中 s 表示开始结点，t 表示终端结点

考虑图 3.3 的四个网络系统，起始结点 s 和终端结点 t 不作为系统的元件进入计算。四个系统的最小割集如表 3.1 所示。

表 3.1　图 3.3 中四个网络的最小割集

序号	最小割集
(a)	$\{1,3,8\}$、$\{6\}$、$\{2,3,8\}$、$\{2,4,8\}$、$\{2,5,8\}$、$\{2,7\}$
(b)	$\{1,2,3\}$、$\{2,3,4\}$、$\{5,6,7,8,9,10\}$
(c)	$\{1,2,3,4,5\}$、$\{5,6,7,8,9,10\}$、$\{10,11,12,13,14\}$、$\{14,15,16,17,18\}$
(d)	$\{1,2,3,4,5\}$、$\{5,6,7,8,9,10\}$、$\{11,12,13,14\}$、$\{14,15,16,17\}$、$\{18,19,20,21,22,23,24,25\}$

根据算法 3.1、签名定义和 Boland 公式，分别运用 R 软件计算这四个网络系统的签名。表 3.2 给出了这三种方法的计算时间（i5-6500 CPU 和 8GB RAM 的笔记本电脑）。四个网络系统的签名计算如下：

$$\boldsymbol{s}_a=\left(\frac{1}{8},\frac{9}{56},\frac{1}{4},\frac{33}{140},\frac{11}{70},\frac{1}{14},0,0\right)$$

$$\boldsymbol{s}_b=\left(0,0,\frac{1}{60},\frac{19}{420},\frac{17}{210},\frac{13}{105},\frac{11}{60},\frac{17}{60},\frac{4}{15}\right)$$

$$\boldsymbol{s}_c=\left(\begin{array}{l}0,0,0,0,\dfrac{11}{7\,140},\dfrac{125}{27\,846},\dfrac{577}{55\,692},\dfrac{1\,813}{87\,516},\dfrac{1\,821}{48\,620},\dfrac{9\,127}{145\,860},\\ \dfrac{367}{3\,767},\dfrac{1\,798}{12\,771},\dfrac{10\,291}{55\,692},\dfrac{637}{3\,060},\dfrac{44}{255},\dfrac{8}{153},\dfrac{1}{153},0\end{array}\right),$$

$$\boldsymbol{s}_d=\left(\begin{array}{l}0,0,0,0,\dfrac{173}{265\,650},\dfrac{893}{531\,300},\dfrac{1\,671}{480\,700},\dfrac{6\,811}{1\,081\,575},\dfrac{292}{27\,981},\dfrac{3\,395}{209\,407},\\ \dfrac{69\,569}{2\,043\,824},\dfrac{8\,672}{185\,725},\dfrac{1\,979}{31\,905},\dfrac{557}{6\,982},\dfrac{18\,967}{191\,5095},\dfrac{194\,021}{1\,649\,839},\dfrac{1\,175}{8\,918},\\ \dfrac{1\,301}{9\,614},\dfrac{1\,521}{12\,650},\dfrac{102}{1\,265},\dfrac{168}{6\,325},\dfrac{2}{575},0,0\end{array}\right)$$

表 3.2　图 3.3 中四个网络系统的签名 $\boldsymbol{s}$ 及对应算法的计算时间　　（单位：s）

序号	$\boldsymbol{s}$	算法 3.1	签名定义	Boland 公式
(a)	$\boldsymbol{s}_a$	0.01	2.1	0.03
(b)	$\boldsymbol{s}_b$	0.01	305	0.11
(c)	$\boldsymbol{s}_c$	0.01	NA	37
(d)	$\boldsymbol{s}_d$	0.01	NA	NA

注：NA 表示计算时间超过 2 小时

从表 3.2 可以看出，算法 3.1 在计算上述网络系统的签名时非常有效。特别是当元件数量较大时，算法 3.1 比其他两种算法更有效。例如，对于图 3.3（d）中的网络系统，算法 3.1 只需要 0.01 秒，而其他两种算法计算时间都超过了 2 小时。原因是基于签名定义的方法需要生成$n!$个元件失效排序，导致很高的时间复杂度；对于 Boland 公式，需要生成2^n个元件状态来计算特定大小的路集，时间复杂度依然很高。

3.4　本 章 小 结

本章介绍了两类计算系统签名的算法，分别是基于系统可靠性多项式和系统最小割集（路集）求解系统签名的方法。可靠性多项式方法中（3.1 节），建立了系统签名和系统 domination 之间的转换公式（3.4）和式（3.6），以及一个简单的求导算法式（3.7）。在最小割集（路集）算法建立过程中（3.2 节），通过一个简单的模型，指出系统签名是特定元件寿命假定下系统寿命的概率质量函数（命题 3.1）的本质，进而通过简洁的运算得到了签名的最小割集（路集）算法（定理 3.1）。特别指出，命题 3.1 提出的这一新的看法将签名直接纳入常规的系统寿命框架，它对我们深入理解系统签名有着非常重要的意义。相比签名定义和 Boland 公式，上述两种算法在大部分情形下具有更高的计算效率。特别地，最小割集（路集）算法更加直接，省去了计算一些中间量的麻烦（如任意阶路集个数，可靠性多项式），相关的数值计算和比较的例子在 3.3 节给出。

对于基于可靠性多项式计算签名的更多讨论读者可以参考 Ross 等（1980），Samaniego（2007），Marichal 和 Mathonet（2013），Marichal（2015）的相关研究；有关最小割集（路集）算法可进一步参见 Da 等（2018a）的相关研究；其他算法可参见 Yi 和 Cui（2018）等的相关研究。

第4章　模块系统签名计算

第3章讨论了基于系统的结构信息（如可靠性函数、最小割集、最小路集）计算系统的签名的问题，并给出了两类重要算法。事实上，在面对元件个数比较庞大的系统（大型系统）时，第3章所建立的算法的计算成本无疑都是比较高的。因此，寻找大型系统签名计算的简化方法变得十分重要。本章将介绍一种计算模块系统签名的分块算法，这一算法可以有效降低计算大型模块系统签名的复杂度。

4.1　签名分解

首先介绍一个新的概念——系统关于特定元件的分解生存签名，这一概念对后续建立元件共享模块系统的签名分块算法非常重要。

定义 4.1　对任意一个 n 元件系统，记元件 i 的寿命为 X_i，$i=1,2,\cdots,n$，系统的寿命为 T。假设元件寿命无结点且可交换。系统关于 $d\left(0\leqslant d\leqslant n\right)$ 个元件 $K=\left\{k_1,k_2,\cdots,k_d\right\}\subset\left[n\right]$，$k_1<k_2<\cdots<k_d$ 的分解生存签名（decomposed survival signature，DSS）定义为

$$\overline{\boldsymbol{S}}_K\left(D\right)=\left(\overline{S}_{0,K}\left(D\right),\overline{S}_{1,K}\left(D\right),\cdots,\overline{S}_{n,K}\left(D\right)\right),\quad D\subset\left[d\right]$$

其中，

$$\overline{S}_{i,K}\left(D\right)=P\left(T>X_{i:n},\max_{j\in\overline{D}}X_{k_j}\leqslant X_{i:n},\min_{j\in D}X_{k_j}>X_{i:n}\right),\quad i=0,1,\cdots,n$$

根据定义 4.1，容易观察到：若 $D=\left[d\right]$，$\overline{S}_{0,K}\left(D\right)\equiv1$，否则 $\overline{S}_{0,K}\left(D\right)\equiv0$；对任意的 $D\subset\left[d\right]$，$\overline{S}_{n,K}\left(D\right)\equiv0$，并且 $\overline{S}_{i,K}\left(D\right)=0$ 当 $i<\left|\overline{D}\right|$ 或 $i>n-\left|D\right|$。特别地，当 $d=0\left(K=\varnothing\right)$ 时，DSS 退化为普通的生存签名，即 $\overline{\boldsymbol{S}}_{\varnothing}\left(\varnothing\right)=\overline{\boldsymbol{S}}$。对任意的

$d \geqslant 1$ 和 K，记 $k_D = \left\{k_j : j \in D\right\}$，$D \subset [d]$，$\bar{S}_{i,K}(D)$ 表示元件的第 i 次失效发生时系统以及元件 $k_D \subset K$ 依然工作，而元件 $k_{\bar{D}} \subset K$ 已失效（记该事件为 B）的概率，则

$$\bar{S}_{i,K}(D) = \frac{N_{i,K}(D)}{n!}, \quad i = 1, 2, \cdots, n \tag{4.1}$$

其中，记 $N_{i,K}(D)$ 表示满足事件 B 的元件失效排序。显然，对任意的 d 和 K，下列等式成立

$$\sum_{D \subset [d]} \bar{\boldsymbol{S}}_K(D) = \bar{\boldsymbol{S}}$$

为了更清楚地理解 DSS，讨论两个特殊情形，$d = 1, 2$。

（1）$d = 1$，$K = \{k\}$。在该情形下，关于元件 k 的 DSS 定义为以下两个向量：

$$\bar{\boldsymbol{S}}_{\{k\}}(\varnothing) = \left(\bar{S}_{1,\{k\}}(\varnothing), \bar{S}_{2,\{k\}}(\varnothing), \cdots, \bar{S}_{n,\{k\}}(\varnothing)\right)$$

和

$$\bar{\boldsymbol{S}}_{\{k\}}(\{1\}) = \left(\bar{S}_{1,\{k\}}(\{1\}), \bar{S}_{2,\{k\}}(\{1\}), \cdots, \bar{S}_{n,\{k\}}(\{1\})\right)$$

其中，对于所有的 $i \in [n]$，

$$\bar{S}_{i,\{k\}}(\{\varnothing\}) = P\left(T > X_{i:n},\ X_k \leqslant X_{i:n}\right)$$

和

$$\bar{S}_{i,\{k\}}(\{1\}) = P\left(T > X_{i:n},\ X_k > X_{i:n}\right)$$

特别地，$\bar{S}_{0,\{k\}}(\varnothing) = 1 - \bar{S}_{0,\{k\}}(\{1\}) \equiv 0$。注意到，$d = 1$ 情形下的 DSS 恰好等价于 Gertsbakh 和 Shpungin（2012）为计算系统 Birnbaum 重要度而引入的 BIM-谱概念。

（2）$d = 2$，$K = \{k_1, k_2\}$。在该情形下，关于 $\{k_1, k_2\}$ 的 DSS 定义为以下四个向量：

$$\bar{\boldsymbol{S}}_{\{k_1,k_2\}}(\varnothing) = \left(\bar{S}_{1,\{k_1,k_2\}}(\varnothing), \bar{S}_{2,\{k_1,k_2\}}(\varnothing), \cdots, \bar{S}_{n,\{k_1,k_2\}}(\varnothing)\right)$$

$$\bar{\boldsymbol{S}}_{\{k_1,k_2\}}(\{1\}) = \left(\bar{S}_{1,\{k_1,k_2\}}(\{1\}), \bar{S}_{2,\{k_1,k_2\}}(\{1\}), \cdots, \bar{S}_{n,\{k_1,k_2\}}(\{1\})\right)$$

$$\bar{\boldsymbol{S}}_{\{k_1,k_2\}}(\{2\}) = \left(\bar{S}_{1,\{k_1,k_2\}}(\{2\}), \bar{S}_{2,\{k_1,k_2\}}(\{2\}), \cdots, \bar{S}_{n,\{k_1,k_2\}}(\{2\})\right)$$

$$\bar{\boldsymbol{S}}_{\{k_1,k_2\}}(\{1,2\})=\left(\bar{S}_{1,\{k_1,k_2\}}(\{1,2\}),\bar{S}_{2,\{k_1,k_2\}}(\{1,2\}),\cdots,\bar{S}_{n,\{k_1,k_2\}}(\{1,2\})\right)$$

其中，对于任意的$i\in[n]$，

$$\bar{S}_{i,\{k_1,k_2\}}(\varnothing)=P\left(T>X_{i:n},X_{k_1}\leqslant X_{i:n},X_{k_2}\leqslant X_{i:n}\right)$$

$$\bar{S}_{i,\{k_1,k_2\}}(\{1\})=P\left(T>X_{i:n},X_{k_1}>X_{i:n},X_{k_2}\leqslant X_{i:n}\right)$$

$$\bar{S}_{i,\{k_1,k_2\}}(\{2\})=P\left(T>X_{i:n},X_{k_1}\leqslant X_{i:n},X_{k_2}>X_{i:n}\right)$$

$$\bar{S}_{i,\{k_1,k_2\}}(\{1,2\})=P\left(T>X_{i:n},X_{k_1}>X_{i:n},X_{k_2}>X_{i:n}\right)$$

特别地，$\bar{S}_{0,\{k_1,k_2\}}(\varnothing)=\bar{S}_{0,\{k_1,k_2\}}(\{1\})=\bar{S}_{0,\{k_1,k_2\}}(\{2\})=1-\bar{S}_{0,\{k_1,k_2\}}(\{1,2\})\equiv 0$，以及$\bar{S}_{1,\{k_1,k_2\}}(\varnothing)=\bar{S}_{n-1,\{k_1,k_2\}}(\{1,2\})\equiv 0$。注意到，$d=2$情形下的DSS恰好等价于Gertsbakh和Shpungin（2012）引入的JRI-谱概念。

基于上述的讨论，可以看到DSS是BIM-谱和JRI-谱概念的一般情形。下面给出两个计算DSS的数值例子。

例 4.1 考虑图 2.1 的三元件串并联系统。运用式（4.1），很容易计算这个系统的DSS。下面给出一些特例。

（1）关于单个元件的DSS。例如，$K=\{1\}$，算得

$$\bar{\boldsymbol{S}}_{\{1\}}(\varnothing)=(0,0,0,0)$$

$$\bar{\boldsymbol{S}}_{\{1\}}(\{1\})=\left(1,\frac{2}{3},0,0\right)$$

对于$K=\{2\}$，有

$$\bar{\boldsymbol{S}}_{\{2\}}(\varnothing)=\left(0,\frac{1}{3},0,0\right)$$

$$\bar{\boldsymbol{S}}_{\{2\}}(\{1\})=\left(1,\frac{1}{3},0,0\right)$$

（2）关于两个元件的DSS。例如，$K=\{1,2\}$，算得

$$\bar{\boldsymbol{S}}_{\{1,2\}}(\varnothing)=(0,0,0,0),$$

$$\bar{\boldsymbol{S}}_{\{1,2\}}(\{1\})=\left(0,\frac{1}{3},0,0\right)$$

$$\bar{\boldsymbol{S}}_{\{1,2\}}(\{2\})=(0,0,0,0)$$

$$\bar{\boldsymbol{S}}_{\{1,2\}}(\{1,2\})=\left(1,\frac{1}{3},0,0\right)$$

例 4.2　对于 n 中取 m 系统，显然有 $\bar{S}_{i,K}(D)=0$，$i\geqslant m$。对于 $i<m$，

$$\bar{S}_{i,K}(D)=P\left(\max_{j\in\bar{D}}X_{k_j}\leqslant X_{i:n},\min_{j\in D}X_{k_j}>X_{i:n}\right)=\frac{\begin{pmatrix}n-d\\ i-(d-|D|)\end{pmatrix}}{\begin{pmatrix}n\\ i\end{pmatrix}},\ D\subset[d]$$

特别地，有

（1）若 $m=1$，即串联系统，则对任意的 D 和 $i\geqslant 1$，$\bar{S}_{i,K}(D)=0$。

（2）若 $d=1$，$K=\{k\}$，则 $\bar{S}_{i,\{k\}}(\varnothing)=\bar{S}_{i,\{k\}}(\{1\})=0$，$i\geqslant m$。若 $i<m$，则

$$\bar{S}_{i,\{k\}}(\varnothing)=\frac{i}{n}$$

$$\bar{S}_{i,\{k\}}(\{1\})=\frac{n-i}{n}$$

（3）若 $d=2$，$K=\{k_1,k_2\}$，有 $\bar{S}_{i,\{k_1,k_2\}}(D)=0$，$i\geqslant m$，$D\subset[2]$。若 $i<m$，则

$$\bar{S}_{i,\{k_1,k_2\}}(\varnothing)=\frac{i(i-1)}{n(n-1)}$$

$$\bar{S}_{i,\{k_1,k_2\}}(\{1\})=\frac{i(n-i)}{n(n-1)}$$

$$\bar{S}_{i,\{k_1,k_2\}}(\{2\})=\frac{i(n-i)}{n(n-1)}$$

$$\bar{S}_{i,\{k_1,k_2\}}(\{1,2\})=\frac{(n-i)(n-i-1)}{n(n-1)}$$

根据 Boland 公式(2.13)，生存签名 $\bar{S}_i$ 被解释为 $n-i$ 阶路集的比例。对于 DSS，也有类似的结果。

命题 4.1　对于一个 n 元件的关联系统 ϕ，对于给定的 $K=\{k_1,k_2,\cdots,k_d\}\subset[n]$ 及任意的 $D\subset[d]$，则对于任意的 $i=0,1,\cdots,n$，有

$$\bar{S}_{n-i,K}(D)=\sum_{\substack{A\subset[n],|A|=i\\ A\supset k_D,\bar{A}\supset k_{\bar{D}}}}\frac{1}{\binom{n}{i}}\phi(A)$$

成立。

证明　考虑特定的元件失效时间排序，由全概率公式，可得

$$\begin{aligned}\bar{S}_{n-i,K}(D)&=P\left(T>X_{n-i:n},\max_{j\in\bar{D}}X_{k_j}\leqslant X_{n-i:n},\min_{j\in D}X_{k_j}>X_{n-i:n}\right)\\&=\sum_{\boldsymbol{\pi}\in\Pi_n}P\left(\begin{array}{l}T>X_{n\ i:n},\max\limits_{j\in\bar{D}}X_{k_j}\leqslant X_{n\ i:n},\min\limits_{j\in D}X_{k_j}\\ >X_{n-i:n}\mid X_{\pi_1}<\cdots<X_{\pi_n}\end{array}\right)\\&\quad P\left(X_{\pi_1}<X_{\pi_2}<\cdots<X_{\pi_n}\right)\\&=\frac{1}{n!}\sum_{\boldsymbol{\pi}\in\Pi_n}P\left(\begin{array}{l}T>X_{n-i:n},\max\limits_{j\in\bar{D}}X_{k_j}\leqslant X_{n-i:n},\min\limits_{j\in D}X_{k_j}\\ >X_{n-i:n}\mid X_{\pi_1}<X_{\pi_2}<\cdots<X_{\pi_n}\end{array}\right)\end{aligned}$$

对于任意给定的失效排序 $X_{\pi_1}<X_{\pi_2}<\cdots<X_{\pi_n}$，有

$$\begin{aligned}&P\left(T>X_{n-i:n},\max_{j\in\bar{D}}X_{k_j}\leqslant X_{n-i:n},\min_{j\in D}X_{k_j}>X_{n-i:n}\mid X_{\pi_1}<\cdots<X_{\pi_n}\right)\\&=\phi\left(\{\pi_{n-i+1},\cdots,\pi_n\}\right)\mathbb{I}(u\leqslant n-i)\mathbb{I}(v>n-i)\end{aligned}$$

成立。其中，u 和 v 满足

$$\pi_u=\arg\max_{k_j,j\in\bar{D}}X_{k_j}$$

$$\pi_v=\arg\min_{k_j,j\in D}X_{k_j}$$

这样一来，

$$\begin{aligned}&\sum_{\boldsymbol{\pi}\in\Pi_n}P\left(T>X_{n-i:n},\max_{j\in\bar{D}}X_{k_j}\leqslant X_{n-i:n},\min_{j\in D}X_{k_j}>X_{n-i:n}\mid X_{\pi_1}<\cdots<X_{\pi_n}\right)\\&=\sum_{\boldsymbol{\pi}\in\Pi_n}\phi(\{\pi_{n-i+1},\pi_{n-i+2},\cdots,\pi_n\})\mathbb{I}(u\leqslant n-i)\mathbb{I}(v>n-i)\\&=\sum_{\substack{A\subset[n],|A|=i\\ A\supset k_D,\ \bar{A}\supset k_{\bar{D}}}}i!(n-i)!\phi(A)\end{aligned}$$

故

$$\bar{S}_{n-i,K}(D)=\sum_{\substack{A\subset[n],|A|=i\\ A\supset k_D,\bar{A}\supset k_{\bar{D}}}}\frac{1}{\binom{n}{i}}\phi(A)$$

证毕。

命题 4.1 指出 DSS $\bar{S}_{i,K}(D)$ 可以解释为包含元件 k_j，$j\in D$，$D\subset[d]$ 的 $n-i$ 阶路集的比例。这一结果对下面建立系统生存签名分块算法非常关键。作为特例，有以下两个推论，分别对应 BIM-谱和 JRI-谱。

推论 4.1　当 $d=1$，$K=\{k\}$ 时，对任意的 $i=0,1,\cdots,n$，有

$$\bar{S}_{n-i,\{k\}}(\varnothing)=\sum_{\substack{A\subset[n],|A|=i\\ k\notin A}}\frac{1}{\binom{n}{i}}\phi(A)$$

$$\bar{S}_{n-i,\{k\}}(\{1\})=\sum_{\substack{A\subset[n],|A|=i\\ k\in A}}\frac{1}{\binom{n}{i}}\phi(A)$$

推论 4.2　当 $d=2$，$K=\{k_1,k_2\}$ 时，对任意的 $i=0,1,\cdots,n$，有

$$\bar{S}_{n-i,\{k_1,k_2\}}(\varnothing)=\sum_{\substack{A\subset[n],|A|=i\\ k_1\notin A,k_2\notin A}}\frac{1}{\binom{n}{i}}\phi(A)$$

$$\bar{S}_{n-i,\{k_1,k_2\}}(\{1\})=\sum_{\substack{A\subset[n],|A|=i\\ k_1\in A,k_2\notin A}}\frac{1}{\binom{n}{i}}\phi(A)$$

$$\bar{S}_{n-i,\{k_1,k_2\}}(\{2\})=\sum_{\substack{A\subset[n],|A|=i\\ k_1\notin A,k_2\in A}}\frac{1}{\binom{n}{i}}\phi(A)$$

$$\bar{S}_{n-i,\{k_1,k_2\}}(\{1,2\})=\sum_{\substack{A\subset[n],|A|=i\\ A\supset\{k_1,k_2\}}}\frac{1}{\binom{n}{i}}\phi(A)$$

4.2 分块算法

本节建立模块系统的签名分块算法，该算法的基本思路是通过子系统的 DSS 以及子系统间的组织结构来计算模块系统的签名。一般地，考虑系统中存在有限个元件被所有子系统共享，特别地，当共享元件个数为 0 时，表示子系统不交。

4.2.1 一般情形

考虑一个系统$(\mathcal{C},\phi)$由 r 个子系统$(\mathcal{C}_j,\chi_j)$，$j\in[r]$构成，其中$\mathcal{C}=[n]$为元件集，$\phi:\{0,1\}^n\to\{0,1\}$为系统的结构函数，$\mathcal{C}_j\subset\mathcal{C}$和$\chi_j:\{0,1\}^{|\mathcal{C}_j|}\to\{0,1\}$分别为子系统 j 的元件集和结构函数，$j\in[r]$，子系统间组织结构函数为$\psi:\{0,1\}^r\to\{0,1\}$。假设这 r 个子系统共享 d 个元件，记为$K=\{k_1,k_2,\cdots,k_d\}\subset\mathcal{C}$，其中$k_1<k_2<\cdots<k_d$。上述的模块系统模型可以表示为

（1）$\mathcal{C}=\bigcup_{i=j}^r\mathcal{C}_j$；

（2）$\mathcal{C}_j\supset K$，$j\in[r]$；

（3）$\{\mathcal{C}_j\setminus K\}\cap\{\mathcal{C}_l\setminus K\}=\varnothing$，$1\leqslant j\neq l\leqslant r$；

（4）对任意的$A\subset\mathcal{C}$，$\phi(A)=\psi(\chi_1(\mathcal{C}_1\cap A),\chi_2(\mathcal{C}_2\cap A),\cdots,\chi_r(\mathcal{C}_r\cap A))$。

清楚起见，下文将系统$(\mathcal{C},\phi)$表示为$((\mathcal{C}_1,\chi_1),(\mathcal{C}_2,\chi_2),\cdots,(\mathcal{C}_r,\chi_r);\ K;\psi)$，当子系统共享元件数目$d=0$时，上述模块结构模型退化为非交模块结构模型，此时可记系统为$((\mathcal{C}_1,\chi_1),(\mathcal{C}_2,\chi_2),\cdots,(\mathcal{C}_r,\chi_r);\ \psi)$。

记$n_j=|\mathcal{C}_j|$，则$n_j\geqslant d$，$j\in[r]$，并且$n=|\mathcal{C}|=\sum_{j=1}^r n_j-(r-1)d$。记

$$\left\{\overline{\boldsymbol{S}}_K^{(j)}(D),D\subset[d]\right\}$$

为子系统j关于元件K的 DSS，$j\in[r]$。记$\hat{\psi}$为组织结构函数ψ对应的可靠性函数，即

$$\hat{\psi}(p_1,p_2,\cdots,p_r)=\sum_{B\subset[r]}\psi(B)\prod_{j\in B}p_j\prod_{j\notin B}(1-p_j) \tag{4.2}$$

下面的结果建立了通过子系统 DSS 计算整个系统$((\mathcal{C}_1,\chi_1),(\mathcal{C}_2,\chi_2),\cdots,(\mathcal{C}_r,\chi_r);K;\psi)$的生存签名。

定理 4.1　系统$((\mathcal{C}_1,\chi_1),(\mathcal{C}_2,\chi_2),\cdots,(\mathcal{C}_r,\chi_r);\ K;\psi)$的生存签名可以表示为

$$\overline{S}_{n-i}=\sum_{h=0}^{d}\sum_{\substack{D\subset[d]\\|D|=h}}\sum_{\boldsymbol{a}\in\Gamma_i^{(d,h)}}\frac{\prod_{j=1}^{r}\binom{n_j-d}{a_j-h}}{\binom{n}{i}}\hat{\psi}\left(\frac{\binom{n_1}{a_1}}{\binom{n_1-d}{a_1-h}}\overline{S}^{(1)}_{n_1-a_1,K}(D),\cdots,\frac{\binom{n_r}{a_r}}{\binom{n_r-d}{a_r-h}}\overline{S}^{(r)}_{n_r-a_r,K}(D)\right) \tag{4.3}$$

其中，对任意的$h=0,1,\cdots,d$，

$$\Gamma_i^{(d,h)}=\Big\{\boldsymbol{a}=(a_1,a_2,\cdots,a_r)\in N^r:\ h\leqslant a_j\leqslant n_j-(d-h),j=1,2,\cdots,r,\ \sum_{j=1}^{r}a_j=i+(r-1)h\Big\} \tag{4.4}$$

证明　由 Boland 公式（2.13），系统的生存签名可以表示为

$$\binom{n}{i}\overline{S}_{n-i}=\sum_{A\subset\mathcal{C},|A|=i}\phi(A)=\sum_{h=0}^{d}\sum_{\substack{D\subset[d]\\|D|=h}}\sum_{\substack{A\subset\mathcal{C},|A|=i\\A\supset k_D,\overline{A}\supset k_{\overline{D}}}}\phi(A),\quad i=0,1,\cdots,n$$

进一步，根据模块结构，系统的结构函数可以表示为

$$\phi(A)=\sum_{B\subset[r]}\psi(B)\prod_{j\in B}\chi_j(A_j)\prod_{j\notin B}(1-\chi_j(A_j))$$

其中，$A_j=A\cap\mathcal{C}_j$，以及对任意的满足$|D|=h$的$D\subset[d]$，成立

$$\sum_{\substack{A\subset\mathcal{C},|A|=i\\A\supset k_D,\overline{A}\supset k_{\overline{D}}}}\phi(A)=\sum_{\boldsymbol{a}\in\Gamma_i^{(d,h)}}\sum_{B\subseteq[r]}\psi(B)\sum_{\substack{A_1\subset\mathcal{C}_1,|A_1|=a_1\\A_1\supset k_D,\overline{A}_1\supset k_{\overline{D}}}}\cdots\sum_{\substack{A_r\subset\mathcal{C}_r,|A_r|=a_r\\A_r\supset k_D,\overline{A}_r\supset k_{\overline{D}}}}\prod_{j\in B}\chi_j(A_j)\prod_{j\notin B}(1-\chi_j(A_j))$$

该式可以进一步写作

$$\sum_{\substack{A\subset\mathcal{C},|A|=i\\ A\supset k_D,\bar{A}\supset k_{\bar{D}}}}\phi(A)=\sum_{\boldsymbol{a}\in\Gamma_i^{(d,h)}}\prod_{j=1}^{r}\binom{n_j-d}{a_j-h}\cdot\Delta$$

其中，$\Gamma_i^{(d,h)}$ 如式（4.4）所定义，而

$$\Delta=\sum_{B\subset[r]}\psi(B)\sum_{\substack{A_1\subset\mathcal{C}_1,|A_1|=a_1\\ A_1\supset k_D,\bar{A}_1\supset k_{\bar{D}}}}\cdots\sum_{\substack{A_r\subset\mathcal{C}_r,|A_r|=a_r\\ A_r\supset k_D,\bar{A}_r\supset k_{\bar{D}}}}\prod_{j\notin B}\frac{1}{\prod_{j=1}^{r}\binom{n_j-d}{a_j-h}}$$

$$\chi_j(A_j)\prod_{j\notin B}\frac{1}{\prod_{j=1}^{r}\binom{n_j-d}{a_j-h}}\left(1-\chi_j(A_j)\right)$$

$$=\sum_{B\subset[r]}\psi(B)\prod_{j\in B}\left(\sum_{\substack{A_j\subset\mathcal{C}_j,|A_j|=a_j\\ A_j\supset k_D,\bar{A}_j\supset k_{\bar{D}}}}\frac{1}{\binom{n_j-d}{a_j-h}}\chi_j(A_j)\right)$$

$$\prod_{j\notin B}\left(\sum_{\substack{A_j\subset\mathcal{C}_j,|A_j|=a_j\\ A_j\supset k_D,\ \bar{A}_j\supset k_{\bar{D}}}}\frac{1}{\binom{n_j-d}{a_j-h}}\left(1-\chi_j(A_j)\right)\right)$$

由命题 4.1，对任意的 $j\in[r]$，成立

$$\sum_{\substack{A_j\subset\mathcal{C}_j,|A_j|=a_j\\ A_j\supset k_D,\bar{A}_j\supset k_{\bar{D}}}}\frac{1}{\binom{n_j-d}{a_j-h}}\chi_j(A_j)=\frac{\binom{n_j}{a_j}}{\binom{n_j-d}{a_j-h}}\bar{S}_{n_j-a_j,K}^{(j)}(D)$$

并观察到

$$\sum_{\substack{A_j\subset\mathcal{C}_j,|A_j|=a_j\\ A_j\supset k_D,\bar{A}_j\supset k_{\bar{D}}}}\frac{1}{\binom{n_j-d}{a_j-|D|}}=1$$

则有

$$\varDelta=\sum_{B\subset[r]}\psi(B)\prod_{j\in B}\left(\frac{\binom{n_j}{a_j}}{\binom{n_j-d}{a_j-h}}\bar{S}^{(j)}_{n_j-a_j,K}(D)\right)\prod_{j\notin B}\left(1-\frac{\binom{n_j}{a_j}}{\binom{n_j-d}{a_j-h}}\bar{S}^{(j)}_{n_j-a_j,K}(D)\right)$$

根据式（4.2），有

$$\varDelta=\hat{\psi}\left(\frac{\binom{n_j}{a_j}}{\binom{n_1-d}{a_1-h}}\bar{S}^{(1)}_{n_1-a_1,K}(D),\cdots,\frac{\binom{n_r}{a_r}}{\binom{n_r-d}{a_r-h}}\bar{S}^{(r)}_{n_r-a_r,K}(D)\right)$$

定理得证。

定理 4.1 给出了系统的生存签名基于子系统关于共享元件的 DSS 以及子系统间的组织结构的计算公式（4.3）。进一步注意到式（4.3）本质上是一个混合，因为

$$\begin{aligned}&\sum_{h=0}^{d}\sum_{\substack{D\subset[d]\\ [D]=h}}\sum_{\boldsymbol{a}\in\Gamma_i^{(d,h)}}\frac{\prod_{j=1}^{r}\binom{n_j-d}{a_j-h}}{\binom{n}{i}}\\ &=\sum_{h=0}^{d}\sum_{\boldsymbol{a}\in\Gamma_i^{(d,h)}}\frac{\prod_{j=1}^{r}\binom{n_j-d}{a_j-h}\cdot\binom{d}{h}}{\binom{n}{i}}=1\end{aligned}\tag{4.5}$$

第二个等号可以用罐子模型解释：假设有 $r+1$ 个罐子和 n 个球，其中罐子 $r+1$ 包含 d 个球，而罐子 j 包含 n_j-d 个球，$j\in[r]$。现考虑从 n 个球中随机（无放回）取出 i 个球。记 a_j 为从罐子 j 和罐子 $r+1$ 中取出的球的数目。这样一来，所有可能的取法

$$\binom{n}{i}=\sum_{h=0}^{d}\sum_{\boldsymbol{a}\in\Gamma_i^{(d,h)}}\prod_{j=1}^{r}\binom{n_j-d}{a_j-h}\cdot\binom{d}{h}$$

根据系统与对偶系统的可靠性函数关系，可以得出类似于式（4.3）的系统累积签名的表达式。记 $\hat{\psi}^D$ 为 ψ 结构对偶结构对应的可靠性函数，则

$$\hat{\psi}^D(\boldsymbol{p})=1-\hat{\psi}(1-\boldsymbol{p})$$

结合式（4.5），有如下推论。

推论 4.3　系统$\left(\left(\mathcal{C}_1,\chi_1\right),\left(\mathcal{C}_2,\chi_2\right),\cdots,\left(\mathcal{C}_r,\chi_r\right);\ K;\ \psi\right)$的累积签名可以表示为

$$S_{n-i}=\sum_{h=0}^{d}\sum_{\substack{D\subset[d]\\|D|=h}}\sum_{\boldsymbol{a}\in\Gamma_i^{(d,h)}}\frac{\prod_{j=1}^{r}\binom{n_j-d}{a_j-h}}{\binom{n}{i}}\cdot\hat{\psi}^D\left(1-\frac{\binom{n_1}{a_1}}{\binom{n_1-d}{a_1-h}}\overline{S}_{n_1-a_1,K}^{(1)}\left(D\right),\cdots,1-\frac{\binom{n_r}{a_r}}{\binom{n_r-d}{a_r-h}}\overline{S}_{n_r-a_r,K}^{(r)}\left(D\right)\right)$$

其中，$\Gamma_i^{(d,h)}$如式（4.4）所定义。

4.2.2　一些特例

特别地，当子系统共享元件数目$d=0$时，定理 4.1 和推论 4.3 中的子系统 DSS 退化为子系统生存签名，对应的系统生存签名表达也相应简化。下面的推论给出了非交模块结构模型下系统生存签名基于子系统生存签名和组织的结构的表达式。

推论 4.4　子系统不交时，系统$\left(\left(\mathcal{C}_1,\chi_1\right),\left(\mathcal{C}_2,\chi_2\right),\cdots,\left(\mathcal{C}_r,\chi_r\right);\ \psi\right)$的生存签名和累积签名可分别表示为

$$\overline{S}_{n-i}=\sum_{\boldsymbol{a}\in\Gamma_i}\frac{\prod_{j=1}^{r}\binom{n_j}{a_j}}{\binom{n}{i}}\hat{\psi}\left(\overline{S}_{n_1-a_1}^{(1)},\overline{S}_{n_2-a_2}^{(2)},\cdots,\overline{S}_{n_r-a_r}^{(r)}\right)$$

$$S_{n-i}=\sum_{\boldsymbol{a}\in\Gamma_i}\frac{\prod_{j=1}^{r}\binom{n_j}{a_j}}{\binom{n}{i}}\hat{\psi}^D\left(S_{n_1-a_1}^{(1)},S_{n_2-a_2}^{(2)},\cdots,S_{n_r-a_r}^{(r)}\right)$$

其中，$\overline{S}_k^{(j)}$和$S_k^{(j)}$分别表示子系统j的生存签名和累积签名向量的第k个分量，$j\in[r]$，而

$$\Gamma_i \equiv \Gamma_i^{(0,0)} = \left\{ \boldsymbol{a} = (a_1, a_2, \cdots, a_r) \in N^r : 0 \leqslant a_j \leqslant n_j, j = 1, 2, \cdots, r, \sum_{j=1}^{r} a_j = i \right\}$$

在可靠性工程中，有大量的模块系统其子系统间串联或者并联。当模块系统的组织结构为串联或者并联时，对应的系统生存签名或累积签名具有更简洁的形式。

推论 4.5　当组织结构 ψ 为串联时，系统 $((\mathcal{C}_1, \chi_1), (\mathcal{C}_2, \chi_2), \cdots, (\mathcal{C}_r, \chi_r); K; \psi)$ 的生存签名可以表示为

$$\bar{S}_{n-i} = \frac{1}{\binom{n}{i}} \sum_{h=0}^{d} \sum_{\substack{D \subset [d] \\ |D|=h}} \sum_{\boldsymbol{a} \in \Gamma_i^{(d,h)}} \prod_{j=1}^{r} \binom{n_j}{a_j} \bar{S}_{n_j - a_j, K}^{(j)}(D)$$

推论 4.6　当组织结构 ψ 为并联时，系统 $((\mathcal{C}_1, \chi_1), (\mathcal{C}_2, \chi_2), \cdots, (\mathcal{C}_r, \chi_r); K; \psi)$ 的累积签名可以表示为

$$S_{n-i} = \frac{1}{\binom{n}{i}} \sum_{h=0}^{d} \sum_{\substack{D \subset [d] \\ |D|=h}} \sum_{\boldsymbol{a} \in \Gamma_i^{(d,h)}} \prod_{j=1}^{r} \binom{n_j - d}{a_j - h} \left(1 - \frac{\binom{n_j}{a_j}}{\binom{n_j - d}{a_j - h}} \bar{S}_{n_j - a_j, K}^{(j)}(D) \right)$$

如前所述，当 $d = 1, 2$ 时系统 DSS 的概念分别等价于 BIM-谱和 JRI-谱。下面的两个推论呈现了这两个情形下对应的系统生存签名的表达式。

推论 4.7　系统 $((\mathcal{C}_1, \chi_1), (\mathcal{C}_2, \chi_2), \cdots, (\mathcal{C}_r, \chi_r); \{k\}; \psi)$ 的生存签名可以表示为

$$\bar{S}_{n-i} = \frac{1}{\binom{n}{i}} \left[\sum_{\boldsymbol{a} \in \Gamma_i^{(1,0)}} \prod_{j=1}^{r} \binom{n_j - 1}{a_j - 1} \cdot \mathcal{S}_0 + \sum_{\boldsymbol{a} \in \Gamma_i^{(1,1)}} \prod_{j=1}^{r} \binom{n_j - 1}{a_j - 1} \cdot \mathcal{S}_1 \right]$$

其中

$$\mathcal{S}_0 = \hat{\psi}\left(\frac{n_1}{n_1 - a_1} \bar{S}_{n_1 - a_1, \{k\}}^{(1)}(\varnothing), \cdots, \frac{n_r}{n_r - a_r} \bar{S}_{n_r - a_r, \{k\}}^{(r)}(\varnothing) \right)$$

$$\mathcal{S}_1 = \hat{\psi}\left(\frac{n_1}{a_1} \bar{S}_{n_1 - a_1, \{k\}}^{(1)}(\{1\}), \cdots, \frac{n_r}{a_r} \bar{S}_{n_r - a_r, \{k\}}^{(r)}(\{1\}) \right)$$

推论 4.8　系统 $((\mathcal{C}_1, \chi_1), (\mathcal{C}_2, \chi_2), \cdots, (\mathcal{C}_r, \chi_r); \{k_1, k_2\};\ \psi)$ 的生存签名可以表示为

$$\bar{S}_{n-i}=\frac{1}{\binom{n}{i}}\left[\sum_{\boldsymbol{a}\in\Gamma_i^{(2,0)}}\prod_{j=1}^{r}\binom{n_j-2}{a_j}\cdot\mathcal{S}_0+\sum_{\boldsymbol{a}\in\Gamma_i^{(2,1)}}\prod_{j=1}^{r}\binom{n_j-2}{a_j-1}\cdot\left(\mathcal{S}_1+\mathcal{S}_2\right)\right.$$

$$\left.+\sum_{\boldsymbol{a}\in\Gamma_i^{(2,2)}}\prod_{j=1}^{r}\binom{n_j-2}{a_j-2}\cdot\mathcal{S}_{12}\right]$$

其中，

$$\mathcal{S}_0=\hat{\psi}\left(\frac{n_1(n_1-1)}{(n_1-a_1)(n_1-a_1-1)}\bar{S}^{(1)}_{n_1-a_1,\{k_1,k_2\}}(\varnothing),\cdots,\right.$$

$$\left.\frac{n_r(n_r-1)}{(n_r-a_r)(n_r-a_r-1)}\bar{S}^{(r)}_{n_r-a_r,\{k_1,k_2\}}(\varnothing)\right)$$

$$\mathcal{S}_1=\hat{\psi}\left(\frac{n_1(n_1-1)}{a_1(n_1-a_1)}\bar{S}^{(1)}_{n_1-a_1,\{k_1,k_2\}}(\{1\}),\cdots,\frac{n_r(n_r-1)}{a_r(n_r-a_r)}\bar{S}^{(r)}_{n_r-a_r,\{k_1,k_2\}}(\{1\})\right)$$

$$\mathcal{S}_2=\hat{\psi}\left(\frac{n_1(n_1-1)}{a_1(n_1-a_1)}\bar{S}^{(1)}_{n_1-a_1,\{k_1,k_2\}}(\{2\}),\cdots,\frac{n_r(n_r-1)}{a_r(n_r-a_r)}\bar{S}^{(r)}_{n_r-a_r,\{k_1,k_2\}}(\{2\})\right)$$

$$\mathcal{S}_{12}=\hat{\psi}\left(\frac{n_1(n_1-1)}{a_1(a_1-1)}\bar{S}^{(1)}_{n_1-a_1,\{k_1,k_2\}}(\{1,2\}),\cdots,\frac{n_r(n_r-1)}{a_r(a_r-1)}\bar{S}^{(r)}_{n_r-a_r,\{k_1,k_2\}}(\{1,2\})\right)$$

为了展示本节的算法，下面给出两个简单的数值例子。

例 4.3　考虑如图 4.1 所示的两个子系统 1 和 2 构成的通信系统。子系统 1 有四个结点 $\{1,2,3,4\}$ 和五个通道 $\{e_1,e_2,e_3,e_4,e_5\}$，子系统 2 有四个结点 $\{5,6,7,8\}$ 和四个通道 $\{e_5,e_6,e_7,e_8\}$。通道 e_5 被两个子系统共享。假定通道可能失效，但结点不会失效。若因通道失效导致某个结点无法与其他结点进行通信，则认为该结点所在的子系统失效，而任何一个子系统的失效会导致整个系统失效。下面计算该通信系统的签名。

显然，模型对应 $r=2$，$d=1$ 以及组织结构串联情形，可运用推论 4.5（或推论 4.7）进行计算。为此，先计算两个子系统关于 e_5 的 DSS：

$$\bar{\boldsymbol{S}}^{(1)}_{\{e_5\}}(\varnothing)=\left(0,\frac{1}{5},\frac{3}{10},0,0,0\right)$$

$$\bar{\boldsymbol{S}}^{(1)}_{\{e_5\}}(\{1\})=\left(1,\frac{4}{5},\frac{1}{2},0,0,0\right)$$

$$\bar{\boldsymbol{S}}^{(2)}_{\{e_5\}}(\varnothing)=\left(0,\frac{1}{4},0,0,0\right)$$

$$\bar{\boldsymbol{S}}^{(2)}_{\{e_5\}}(\{1\})=\left(1,\frac{1}{2},0,0,0\right)$$

根据推论 4.5，系统的生存签名可以表示为

$$\begin{aligned}\bar{S}_{n-i}&=\frac{1}{\binom{n}{i}}\sum_{a_1=\max\{0,i-n_2+1\}}^{\min\{n_1-1,i\}}\binom{n_1}{a_1}\binom{n_2}{i-a_1}\bar{S}^{(1)}_{n_1-a_1,\{e_5\}}(\varnothing)\bar{S}^{(2)}_{n_2-i+a_1,\{e_5\}}(\varnothing)\\&+\frac{1}{\binom{n}{i}}\sum_{a_1=\max\{1,i+1-n_2\}}^{\min\{n_1,i+1\}}\binom{n_1}{a_1}\binom{n_2}{i+1-a_1}\bar{S}^{(1)}_{n_1-a_1,\{e_5\}}(\{1\})\bar{S}^{(2)}_{n_2-i+a_1,\{e_5\}}(\{1\})\end{aligned}\tag{4.6}$$

将$(n,n_1,n_2)=(8,5,4)$以及子系统关于e_5的 DSS 代入式（4.6），算得系统生存签名向量为

$$\bar{\boldsymbol{S}}=\left(1,\frac{7}{8},\frac{4}{7},\frac{5}{28},0,0,0,0,0\right)$$

签名向量为

$$\boldsymbol{s}=\left(\frac{1}{8},\frac{17}{56},\frac{11}{28},\frac{5}{28},0,0,0,0\right)$$

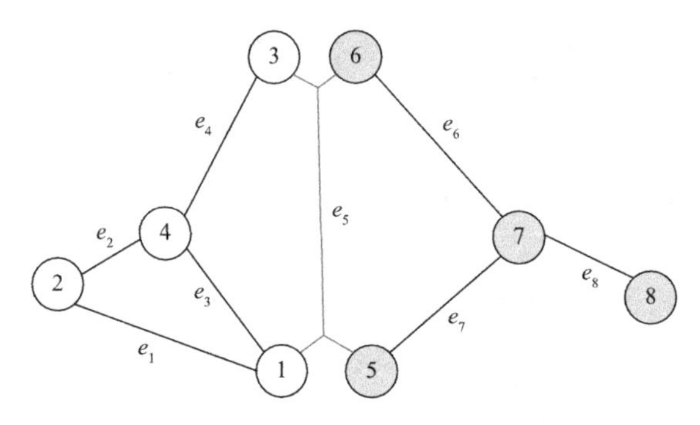

图 4.1　具有公共通道e_5的两个通信子系统

例 4.4　假设子系统 j 具有 n_j 中取 m_j 结构，$j\in[r]$。根据例 4.2，子系统 j 关于 d 个共享元件 K 的 DSS 为：对任意的$i=0,1,\cdots,n_j$，$j=1,2,\cdots,r$，

$$\overline{S}_{i,K}^{(j)}(D)=\frac{\binom{n_j-d}{i-(d-|D|)}}{\binom{n_j}{i}}\mathbb{I}\{i<m_j\},\ D\subset[d]$$

由式（4.3），若子系统间组织结构为ψ，则整个系统的生存签名

$$\overline{S}_{n-i}=\sum_{h=0}^{d}\sum_{\boldsymbol{a}\in\Gamma_i^{(d,h)}}\frac{\prod_{j=1}^{r}\binom{n_j-d}{a_j-h}\cdot\binom{d}{h}}{\binom{n}{i}}\hat{\psi}\left(\mathbb{I}(n_1-a_1<m_1),\cdots,\mathbb{I}(n_r-a_r<m_r)\right) \tag{4.7}$$

$i=0,1,\cdots,n$。例如，当$r=2$时，ψ为串联，子系统 1 和子系统 2 分别为 3 中取 2 和 5 中取 3 结构。将$r=2$，$(n_1,m_1)=(3,2)$，$(n_2,m_2)=(5,3)$以及$d=2$代入式（4.7），可得系统的生存签名向量为

$$\overline{\boldsymbol{S}}=\left(1,1,\frac{4}{5},\frac{3}{20},0,0,0\right)$$

签名向量为

$$\boldsymbol{s}=\left(0,\frac{1}{5},\frac{13}{20},\frac{3}{20},0,0\right)$$

4.3 两 个 应 用

4.3.1 高铁网

众所周知，我国具有世界领先的高速铁路网，列车设计速度超过 250km/h。高速铁路在社会生产和人们的生活中扮演着非常重要的角色，因此，高铁网络的可靠性问题不容忽视。图 4.2 是中国大陆几个城市的高铁网络示意图。

由于高铁的重要性，要求图 4.3 中的西部和东部两部分网络同时各自连通，否则认为整个高铁网络处于失效状态。因此，整个高铁网络系统可以看作两个高铁网络子系统（西部和东部）串联而成，并以北京至广州的高铁 BG 为共享组件。

可计算西部网络关于 BG 的 DSS 为

$$\overline{\boldsymbol{S}}_{\mathrm{BG}}^{\mathrm{W}}(\varnothing)=\left(0,\frac{1}{6},\frac{4}{15},0,0,0,0\right)$$

$$\overline{\boldsymbol{S}}_{\mathrm{BG}}^{\mathrm{W}}(\{1\})=\left(1,\frac{5}{6},\frac{8}{15},0,0,0,0\right)$$

东部网络关于 BG 的 DSS 为

$$\overline{\boldsymbol{S}}_{\mathrm{BG}}^{\mathrm{E}}(\varnothing)=\left(0,\frac{1}{5},0,0,0,0\right)$$

$$\overline{\boldsymbol{S}}_{\mathrm{BG}}^{\mathrm{E}}(\{1\})=\left(1,\frac{4}{5},0,0,0,0\right)$$

将上面的计算结果代入式（4.6）可计算出整个高铁网络系统的签名为

$$\boldsymbol{s}=\left(0,\frac{13}{45},\frac{4}{9},\frac{4}{15},0,0,0,0,0,0\right)$$

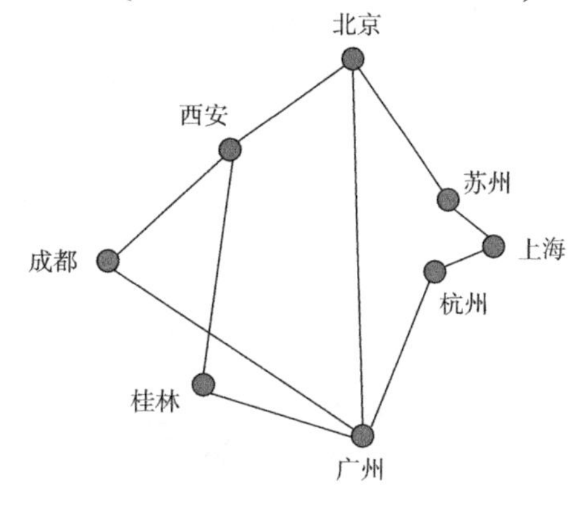

图 4.2　中国大陆几个城市间的高铁网络

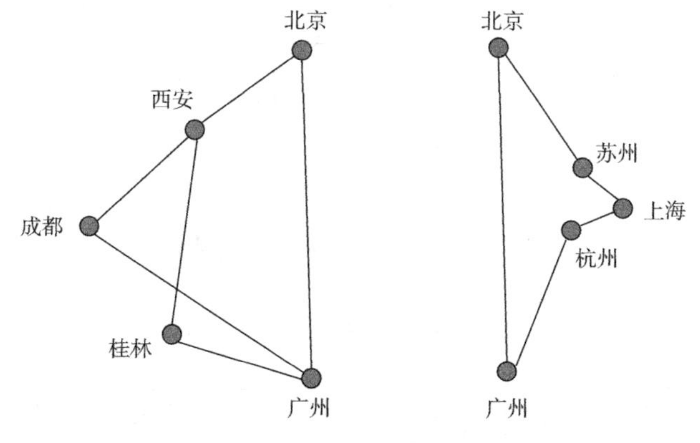

图 4.3　中国的西部和东部高铁网络示意图

4.3.2　分支输油管道系统

石油管道系统将原油或天然气从采集源头输送到特定的加工设施，通常包括石油管道和泵站两部分。一般来说，泵站包含一个或多个电驱动抽油设备，用于提高管道内压，确保流量在预先测试管道的安全运行范围内。泵站将原油通过管道输送到下一站或目的地。基于稳健性设计，当一个泵站发生故障时，相邻的泵站可以承担负荷，不影响原油的输送。然而，当两个连续的泵站不能工作时，输油工作就停止了。具有 n 个泵站的这种管道系统模型在可靠性理论中称为连续 n 中选 2 系统。

分支管道在许多大型管道系统中较为常见，如中亚天然气管道系统。图 4.4 给出了一个简单分支石油管道系统，该系统包含两个管道子系统 1 和子系统 2，二者分别用于将原油从采集源头输送到目的地 1 和目的地 2。子系统 1 包含的泵站有 $\{o_1,o_2,o_3,o_4,o_5,o_6,o_7,o_8\}$，子系统 2 包含的泵站为 $\{o_1,o_2,o_3',o_4',o_5',o_6',o_7',o_8'\}$，其中 o_1,o_2 两个泵站由两个子系统共享。假设整个管道系统工作当且仅当子系统 1 和子系统 2 同时处于工作状态。

现计算整个管道系统的签名。这两个系统都是连续 8 中选 2 系统，可以计算两个子系统关于 o_1,o_2 两个元件的 DSS：

$$\bar{\boldsymbol{S}}^{(j)}_{\{o_1,o_2\}}(\varnothing)=(0,0,0,0,0,0,0,0,0)$$

$$\bar{\boldsymbol{S}}^{(j)}_{\{o_1,o_2\}}(\{1\})=\left(0,\frac{1}{8},\frac{5}{28},\frac{3}{28},\frac{1}{70},0,0,0,0\right)$$

$$\bar{\boldsymbol{S}}^{(j)}_{\{o_1,o_2\}}(\{2\})=\left(0,\frac{1}{8},\frac{3}{14},\frac{5}{28},\frac{2}{35},0,0,0,0\right)$$

$$\bar{\boldsymbol{S}}^{(j)}_{\{o_1,o_2\}}(\{1,2\})=\left(1,\frac{3}{4},\frac{5}{14},\frac{1}{14},0,0,0,0,0\right)$$

$j=1,2$，运用推论 4.8 可计算出整个系统的签名向量为

$$\boldsymbol{s}=\left(0,\frac{1}{7},\frac{1}{4},\frac{83}{308},\frac{201}{1001},\frac{101}{1001},\frac{745}{24024},\frac{17}{3432},0,0,0,0,0,0\right)$$

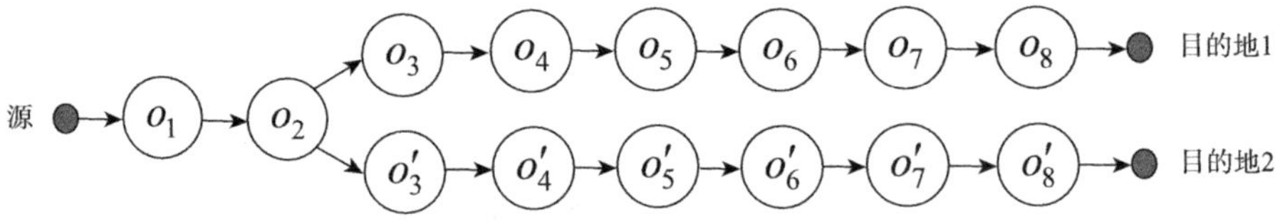

图 4.4　简单分支石油管道系统

4.4 本 章 小 结

本章考虑了模块系统签名的分块算法，即通过模块（子系统）的签名信息以及模块间的组织结构来计算系统的签名。模块系统的签名分块算法最早由 Da 等（2012）提出。Da 等（2012）在组织结构串联、并联的情形下建立了独立模块系统签名的分块算法，给出了系统签名基于模块签名的表达式。随后，Marichal 等（2015）将 Da 等（2012）的工作推广至一般组织结构的情形。一般地，本章考虑的模块系统具有共享元件，也就是存在一些特定元件被所有的模块共享。在这一情形下，仅依赖模块的签名信息无法建立对应的模块算法，为此在 4.1 节引入了一个重要的概念——系统关于特定元件的分解生存签名（DSS），并建立了 DSS 与系统路集的关系（命题 4.1）等，借助命题 4.1，4.2 节建立了基于模块 DSS 以及模块组织结构的签名分块算法（定理 4.1）。特别地，当模块间独立（无共享元件）时，算法被简化（推论 4.4，见 Marichal 等（2015）的相关研究）。4.3 节运用模块算法计算了中国高铁网以及某分支输油管道系统的签名。有关模块系统的分块算法的更多讨论，可参考 Da 等（2012，2014，2018b），Gertsbakh 等（2011），Marichal 等（2015）的相关研究。

第 5 章　系统签名的年龄性质

年龄性质是可靠性理论中的经典问题，它对人们理解系统的寿命行为至关重要。第 3 章指出签名随机变量本质上是特定系统的寿命，因此，有必要研究签名随机变量的年龄性质问题。本章主要讨论系统签名的 SSLSF、IFRA 和 IFR 年龄性质[①]，以及签名年龄性质在生存签名界中的应用。

5.1　SSLSF 和 IFRA

定义 5.1　离散正随机变量 X 的失效率为

$$\lambda_k = \frac{P(X=k)}{P(X>k-1)}$$

其中，$k=1,2,\cdots$，且 $\frac{0}{0}$ 定义为 ∞。

（1）如果 λ_k 关于 k 单调递增，称 X 或者其分布是失效率递增（IFR）；

（2）如果 $\left(P(X>k)\right)^{1/k}$ 关于 k 单调递减，称 X 或者它的生存函数为对数星型（SSLSF）；

（3）如果 $\sum_{j=1}^{k}\lambda_j / k$ 关于 k 递增，称 X 或者其分布为失效率平均递增（IFRA）。

对于非负连续的随机变量，SSLSF 和 IFRA 是等价的，而且 IFR 蕴含着二者。对于离散随机变量，SSLSF 和 IFRA 并不等价，蕴含关系如下：

① 在论述中，对签名、生存签名或签名随机变量具有某种年龄性质不加区分。

$$\text{IFR} \to \text{SSLSF} \to \text{IFRA}$$

事实上，容易看到

$$P(X>k)=P(X>k-1)(1-\lambda_k)$$

迭代

$$P(X>k)=\prod_{j=1}^{k}(1-\lambda_j)$$

进一步，IFR，SSLSF 和 IFRA 分别等价于$1-\lambda_{k+1}\leqslant 1-\lambda_k$，$\left(\prod_{j=1}^{k}(1-\lambda_j)\right)^{1/k}$和$\sum_{j=1}^{k}(1-\lambda_j)/k$，上述蕴含关系立即得到。反过来，IFRA 不一定有 SSLSF，反例见 Ross 等（1980）的相关研究。

接下来讨论签名的 SSLSF（IFRA）年龄性质，主要结果由 Ross 等（1980）所证明。

考虑一个 n 元件的系统，其结构函数为ϕ，生存签名记为$\overline{S}_i$，$i=0,1,\cdots,n$。记$\overline{S}_i(0_j)$ 和 $\overline{S}_i(1_j)$ 为结构函数分别为 $\phi(x_1,x_2,\cdots,x_{j-1},0,x_{j+1},\cdots,x_n)$ 和 $\phi(x_1,x_2,\cdots,x_{j-1},1,x_{j+1},\cdots,x_n)$的系统的生存签名。若以首个失效元件取条件，可得

$$\overline{S}_i=\frac{1}{n}\sum_{j=1}^{n}\overline{S}_{i-1}(0_j) \tag{5.1}$$

若以第 j 个元件是否在系统的前 i 次元件失效中失效，可得

$$\overline{S}_i=\frac{i}{n}\overline{S}_{i-1}(0_j)+\frac{n-i}{n}\overline{S}_i(1_j) \tag{5.2}$$

式（5.2）对于任意的 j 都成立，结合式（5.1）和式（5.2），不难得到，对于任意的 i，都存在一个元件 j 使得

$$\overline{S}_i(0_j)\leqslant \overline{S}_{i+1}(1_j) \tag{5.3}$$

基于这一重要观察以及下面两个简单的引理，可以证明签名的 SSLSF（IFRA）年龄性质。

引理 5.1　对任意的实数$0\leqslant\alpha\leqslant 1$，$0\leqslant\lambda\leqslant 1$，$0\leqslant y\leqslant x$，有

$$\lambda^{\alpha}x^{\alpha}+(1-\lambda^{\alpha})y^{\alpha}\geqslant(\lambda x+(1-\lambda)y)^{\alpha}$$

证明　等价地，证明

$$y^{\alpha}-\lambda^{\alpha}y^{\alpha}\geqslant(\lambda x+(1-\lambda)y)^{\alpha}-\lambda^{\alpha}x^{\alpha}$$

引入 $f(z)=z^{\alpha}$，上述不等式可写作

$$f(y)-f(\lambda y)\geqslant f(\lambda x+(1-\lambda)y)-f(\lambda x)$$

观察到 $y\geqslant\lambda y$，$\lambda x+(1-\lambda y)\geqslant\lambda x$，$\lambda x\geqslant\lambda y$ 以及

$$y-\lambda y=\lambda x+(1-\lambda)y-\lambda y$$

则由 $f(z)$ 的凹性可以得到不等式。

引理 5.2　对任意的实数 $a\geqslant 1$，$0\leqslant x\leqslant a$，有 $(a-x)^{1/x}$ 关于 x 单调递减。

证明　由于对数函数是单调递增的，并且对任意的 $0<x\leqslant a$，

$$\frac{\mathrm{d}\frac{1}{x}\ln(a-x)}{\mathrm{d}x}=-\frac{1}{x^2}\ln(a-x)-\frac{1}{x(a-x)}$$

现只需证明

$$f(x)\underline{\underline{\mathrm{def}}}\ln(a-x)+\frac{x}{(a-x)}\geqslant 0$$

由于 $f(0)=\ln a\geqslant 0$，$f(a-)=\infty$，以及

$$\frac{\mathrm{d}f(x)}{\mathrm{d}x}=\frac{a-1}{(a-x)^2}\geqslant 0$$

故 $f(x)\geqslant 0$，引理得证。

定理 5.1　对任意的 n 元件关联系统，其生存签名是 SSLSF 的，因此也是 IFRA 的。

证明　运用数学归纳法。显然，$n=1$ 时结果成立。假定 $\overline{S}_i^{1/i}(0_j)$ 和 $\overline{S}_i^{1/i}(1_j)$ 是 SSLSF 的，考虑证明

$$\overline{S}_{i+1}^{\frac{1}{i+1}}\leqslant\overline{S}_i^{\frac{1}{i}}\tag{5.4}$$

由式（5.2）以及归纳假设，有

$$\overline{S}_i\geqslant\frac{i}{n}\overline{S}_i^{\frac{i-1}{i}}(0_j)+\frac{n-i}{n}\overline{S}_{i+1}^{\frac{i}{i+1}}(1_j)$$

由于

$$\frac{i-1}{i}<\frac{i}{i+1}\ \text{以及}\ \overline{S}_i(0_j)\leqslant 1$$

上述不等式可进一步写作

$$\bar{S}_i \geqslant \frac{i}{n}\bar{S}_i^{\frac{i}{i+1}}\left(0_j\right)+\frac{n-i}{n}\bar{S}_{i+1}^{\frac{i}{i+1}}\left(1_j\right)$$

应用引理 5.1，取

$$\alpha=\frac{i}{i+1}, \quad \lambda=\left(\frac{n-i}{n}\right)^{\frac{1}{\alpha}}$$

以及对于满足式（5.3）的 j，

$$x=\bar{S}_{i+1}\left(1_j\right) \geqslant \bar{S}_i\left(0_j\right)=y$$

则产生不等式

$$\bar{S}_i \geqslant\left(\left(1-\left(\frac{n-i}{n}\right)^{\frac{i+1}{i}}\right) \bar{S}_i\left(0_j\right)+\left(\frac{n-i}{n}\right)^{\frac{i+1}{i}} \bar{S}_{i+1}\left(1_j\right)\right)^{\frac{i}{i+1}}$$

根据引理 5.2，有

$$\left(\frac{n-i}{n}\right)^{\frac{1}{i}} \geqslant\left(\frac{n-i-1}{n}\right)^{\frac{1}{i+1}}$$

对于式（5.3），有

$$\bar{S}_i \geqslant\left(\frac{i+1}{n} \bar{S}_i\left(0_j\right)+\frac{n-i-1}{n} \bar{S}_{i+1}\left(1_j\right)\right)^{\frac{i}{i+1}}=\bar{S}_{i+1}^{\frac{i}{i+1}}$$

即式（5.4）。

已知系统生存签名和对偶系统累积签名的关系式（2.8），立即可得下面关于累积签名的推论。

推论 5.1　对任意的 n 元件关联系统，$S_{n-i}^{1/i}$ 关于 i 单调递减。

最后讨论系统签名向量的“无内零”特征。对一个向量，任意两个非零分量间若存在零分量，称这个向量具有“内零分量”。系统签名向量的“无内零”特征为判定一个概率向量是否是某个系统的签名向量提供了基本准则。这一特征可由 IFRA 性立即得到：若假设某个签名向量 $\left(s_1, s_2, \cdots, s_n\right)$ 具有内零分量，且 $s_k=0$ 是首个内零分量。此时，失效率 $\lambda_k=0$，则

$$\frac{1}{k} \sum_{j=1}^k \lambda_j<\frac{1}{k-1} \sum_{j=1}^{k-1} \lambda_j$$

导致 IFRA 性不满足，故假设不成立。

推论 5.2　关联系统签名向量无内零分量。

5.2　IFR

5.2.1　串联-n中取k系统

5.1 节证明了任意的关联系统的签名都具有 SSLSF（故 IFRA）性质，一个自然的问题是这一性质能否加强到 IFR。下面的例子给出了否定的回答。

例 5.1　容易验证表 5.1 所列的所有五个五元件系统的签名都不具有 IFR 性。

表 5.1　签名不具有 IFR 性关联结构

序号	最小割集	$\boldsymbol{s}$
1	$\{1,2\},\{1,3\},\{1,4\},\{1,5\},\{2,3\},\{2,4\},\{2,5\}$	$(0,7/10,1/5,1/10,0)$
2	$\{1,2\},\{1,3\},\{1,4\},\{1,5\},\{2,3,4,5\}$	$(0,2/5,1/5,2/5,0)$
3	$\{1,2\},\{1,3\},\{1,4\},\{1,5\}$	$(0,2/5,1/5,1/5,1/5)$
4	$\{1,2\},\{1,3,4\},\{1,3,5\},\{1,4,5\}$	$(0,1/10,1/2,1/5,1/5)$
5	$\{1,2,3\},\{1,2,4\},\{1,2,5\},\{1,3,4\},\{1,4,5\}$	$(0,0,3/5,1/5,1/5)$

虽然例 5.1 表明并非所有关联系统的签名都是 IFR，但大量数值实验结果显示，大多数关联系统的签名都具有 IFR 性。例如，通过对 1~5 个元件构成的关联系统逐个验证（1~4 元件所有关联系统及其签名列表见 Shaked 和 Suarez-Llorenz（2003）的相关研究；5 元件所有关联系统及其签名列表见 Navarro 和 Rubio（2010）的相关研究），发现如下事实。

（1）具有 1~4 个元件的关联系统的所有签名（总数为 28 个）均为 IFR。

（2）除了表 5.1 所列的系统，其余所有的 5 元件关联系统（共 175 个）的签名均具有 IFR 性。

这些事实表明签名的 IFR 性具有一定的普遍性。本节将主要讨论系统签名 IFR 性质基于系统结构的充分条件，尝试回答什么样的系统其签名具有 IFR 性这一基本问题。

首先，考虑一类最小割集不交的特殊系统：串联-$\boldsymbol{n}$ 中取 $\boldsymbol{k}$ 系统，$\boldsymbol{n}=(n_1,n_2,\cdots,n_r)$，$\boldsymbol{k}=(k_1,k_2,\cdots,k_r)$，这一系统是由 r 个 n_i 中取 k_i 子系统串联

后形成的系统。特别地，当对所有的 i，$k_i = n_i$ 时，该系统即串并联系统。Ross 等（1980）证明了串并联系统的签名具有 IFR 性，并指出该结果容易扩展到串联-n 中取 k 系统，下面给出这一扩展及其证明。

定理 5.2　串联-n 中取 k 系统的签名具有 IFR 性。

证明　运用数学归纳法证明。当 $r=1$ 时，结果显然成立。假设 $r-1$ 情形成立，下证 r 成立。记 N 为系统签名随机变量。方便起见，对子系统进行编号：n_i 中取 k_i 子系统编号 i。记 D_i 为第 i 个失效元件所来自的子系统编号；$x_j(i)$ 为前 i 个失效元件中子系统 j 的元件个数。由全概率公式得

$$P\left(N=i+1|N>i\right)=\sum_{j=1}^{r}P\left(D_{i+1}=j,x_j\left(i\right)=k_j-1|N>i\right)$$
$$=\sum_{j=1}^{r}\frac{1}{n-i}P\left(x_j\left(i\right)=k_j-1|N>i\right)$$

其中第二个等号是因为 $P\left(D_{i+1}=j\middle|x_j\left(i\right)=k_j-1,N>i\right)$ 与事件 $N>i$ 没有关系，其值为 $1/n-i$。由于 $1/n-i$ 关于 i 单调递增，只需证明对所有的 $1\leqslant j\leqslant r$，$P\left(x_j\left(i\right)=k_j-1|N>i\right)$ 关于 i 单调递增，事实上，只需考虑 $i\geqslant k_j-1$ 的范围，否则上述概率为 0。

对固定的某个 $1\leqslant j\leqslant r$，记 N' 为除去第 j 个子系统外剩余的 $r-1$ 个子系统串联后构成的系统的签名随机变量，根据归纳假设，N' 是 IFR 的。由于

$$P\left(x_j\left(i\right)=k_j-1|N>i\right)=\frac{P\left(x_j\left(i\right)=k_j-1,N>i\right)}{\sum_{m=1}^{k_j-1}P\left(x_j\left(i\right)=m,N>i\right)}$$
$$=\frac{P\left(N>i\mid x_j\left(i\right)=k_j-1\right)P\left(x_j\left(i\right)=k_j-1\right)}{\sum_{m=1}^{k_j-1}P\left(N>i\mid x_j\left(i\right)=m\right)P\left(x_j\left(i\right)=m\right)}$$
$$=\frac{P\left(N'>i-k_j+1\right)P\left(x_j\left(i\right)=k_j-1\right)}{\sum_{m=1}^{k_j-1}P\left(N'>i-m\right)P\left(x_j\left(i\right)=m\right)}$$

一方面，由 N' 的 IFR 性，可得

$$\frac{P\left(N' > i-m\right)}{P\left(N' > i-k_j+1\right)}$$

关于 i 单调递减。另一方面，

$$\frac{P\left(x_j(i)=m\right)}{P\left(x_j(i)=k_j-1\right)}=\frac{\binom{n_j}{m}\binom{n-n_j}{i-m}}{\binom{n}{i}}\Bigg/\frac{\binom{n_j}{k_j-1}\binom{n-n_j}{i-k_j-1}}{\binom{n}{i}}$$

$$=\frac{\left(n_j-1\right)!}{m!(n_j-m)!}\frac{\left(i-n_j+1\right)!\left(n-n_j-i+n_j-1\right)!}{\left(i-m\right)!\left(n-n_j-i+m\right)!}$$

容易验证，该式关于 i 单调递减。因此，证得 $P\left(x_j(i)=k_j-1|N>i\right)$ 关于 i 单调递增，定理得证。

已知串并联系统是串联-n 中取 k 系统的特殊情形，立即得到下面的推论。

推论 5.3　串并联系统的签名具有 IFR 性。

5.2.2　一般系统

上述的系统最小割集不交，那么对于最小割集相交的情形如何呢？接下来讨论一般情形下系统签名具有 IFR 性的充分条件。第一个结果是基于最小割集和路集的最小容量的充分条件。

定理 5.3　假设 n 元件关联系统的最小割集的最小容量为 n_0，最小路集的最小容量为 m_0。如果 $m_0+n_0=n+1$，或者 $m_0+n_0=n$，那么签名具有 IFR 性。

证明　由推论 5.2 知，签名向量 $\boldsymbol{s}$ 中没有内零分量，则系统签名总有以下形式

$$\boldsymbol{s}=\left(0,0,\cdots,0,s_{n_0},s_{n_0+1},\cdots,s_{n-m_0+1},0,\cdots,0\right)$$

所有 $s_i>0$。如果 $n-m_0+1=n_0$，即 $m_0+n_0=n+1$，则

$$\boldsymbol{s}=\left(0,\cdots,0,1_{n_0},0,\cdots,0\right)$$

这是一个 n 中取 n_0 系统的签名，显然满足 IFR 性。如果 $n-m_0+1=n_0+1$，即 $n_0+m_0=n$，则签名 $\boldsymbol{s}$ 的形式为

$$\boldsymbol{s}=\left(0,\cdots,0,s_{n_0},s_{n_0+1},0,\cdots,0\right)$$

容易检验 $\boldsymbol{s}$ 的 IFR 性。

注 5.1　定理 5.3 简单易用，只需要知道最小割集和最小路集的最小规模。事

实上，对于 1~5 元件关联系统，根据定理 5.3，1~4 元件关联系统的 28 个签名中有 24 个可以快速识别为 IFR，而 5 元件关联系统的 180 个签名中，有 73 个签名可以快速识别为 IFR。

结果表明，如果关联系统只有两个最小割集（无论是否相交），那么其签名具有 IFR 性。

定理 5.4　具有两个最小割集的 n 元件关联系统，其签名具有 IFR 性。

证明　根据定理 3.1，对于 $i=1,2,\cdots,n-1$，

$$\overline{S}_i = 1 - \frac{\binom{i}{n_1}}{\binom{n}{n_1}} - \frac{\binom{i}{n_2}}{\binom{n}{n_2}}$$

其中，n_1，n_2 分别为两个最小割集的容量。系统签名可以计算为 $i=1,2,\cdots,n-1$，

$$s_i = \overline{S}_{i-1} - \overline{S}_i = \frac{\binom{i-1}{n_1-1}}{\binom{n}{n_1}} + \frac{\binom{i-1}{n_2-1}}{\binom{n}{n_2}}$$

s_i 关于 $i \in \{1,2,\cdots,n-1\}$ 单调递增，这意味着 $\overline{S}_i / \overline{S}_{i-1}$ 关于 $i \in \{1,2,\cdots,n-1\}$ 单调递增。因此，只需验证

$$\frac{S_n}{\overline{S}_{n-1}} \geqslant \frac{S_{n-1}}{\overline{S}_{n-2}} \tag{5.5}$$

分类讨论如下。

（1）最小割集不交。如果两个最小割集不相交，则 $s_n = 0$，$s_n / \overline{S}_{n-1} = \infty$。因此，式（5.5）成立。

（2）最小割集相交。假设两个最小割集相交，则 $s_n > 0$，$s_n / \overline{S}_{n-1} = 1$。由于

$$\begin{aligned}\frac{s_{n-1}}{\overline{S}_{n-2}} &= \left[\frac{\binom{n-2}{n_1-1}}{\binom{n}{n_1}} + \frac{\binom{n-2}{n_2-1}}{\binom{n}{n_2}}\right] \Bigg/ \left[1 - \frac{\binom{n-2}{n_1}}{\binom{n}{n_1}} - \frac{\binom{n-2}{n_2}}{\binom{n}{n_2}}\right] \\ &= \frac{n_1(n-n_1)+n_2(n-n_2)}{n(n-1)-(n-n_1)(n-n_1-1)-(n-n_2)(n-n_2-1)}\end{aligned}$$

因此，只需证明

$$\frac{n_1(n-n_1)+n_2(n-n_2)}{n(n-1)-(n-n_1)(n-n_1-1)-(n-n_2)(n-n_2-1)} \leqslant 1$$

而此式可化简为

$$n \leqslant n_1 + n_2$$

系统只有两个最小割集，上式显然成立。

注 5.2　如定理 5.4 证明所述，对于具有两个最小割集的系统，s_i 关于 $i \leqslant n-1$ 单调递增。然而，$s_{n-1} \leqslant s_n$ 不一定成立。例如，具有最小割集 $\{1,2,3\}$ 和 $\{1,2,4,5\}$ 的系统的签名为 $\boldsymbol{s}=(0,0,1/10,1/2,2/5)$，该签名具有 IFR 性但 $\boldsymbol{s}$ 不是递增向量。

定理 5.4 证明了具有两个最小割集的系统其签名具有 IFR 性，那么最小割集数目大于 2 的情形呢？给出下列事实：5 元件关联系统中最小割集数目等于 3 的系统其签名均具有 IFR 性。然而，6 元件最小割集数目等于 3 的系统其签名不都具有 IFR 性。例如，可以验证例 3.2（1）中的签名不是 IFR。

下面给出最小割集数目大于等于 3 情形下签名具有 IFR 性的一个充分条件。在此之前需要介绍一个引理，它给出了两个不交子系统串联而成的（模块）系统的生存签名基于子系统签名的计算公式。该引理可以从推论 4.5 中立即得到（取 $d=0$ ）。

引理 5.3　考虑一个由两个子系统串联而成的系统。假设这两个子系统是不交的（无共享元件），分别有 n 和 m 个元件。记 $\bar{\boldsymbol{S}}$ 、$\bar{\boldsymbol{S}}^{(1)}$ 和 $\bar{\boldsymbol{S}}^{(2)}$ 分别为总系统和两个子系统的生存签名。那么 $\bar{\boldsymbol{S}}$ 可以表示为

$$\bar{S}_i = \sum_{j=\max\{0,i-m\}}^{\min\{n,i\}} \frac{\binom{n}{j}\binom{m}{i-j}}{\binom{n+m}{i}} \bar{S}_j^{(1)} \bar{S}_{i-j}^{(2)},\ \ i \in [n+m-2]$$

定理 5.5　假设关联系统具有 $k \geqslant 3$ 个最小割集，n_i 为系统第 i 个最小割集的容量。若 $n_3 = \cdots = n_k = 1$，则系统签名具有 IFR 性。

证明　运用数学归纳法。首先讨论 $k=3$ 的情形。假设系统有三个最小割集 C_1、C_2 和 C_3，其中 $|C_1| = n_1$，$|C_2| = n_2$，$|C_3| = n_3 = 1$。需要证明系统签名的失

效率，$s_i / \overline{S}_{i-1}$ 关于 $i \in [n_1 + n_2]$ 单调递增，等价地，证明 $\overline{S}_i / \overline{S}_{i-1}$ 关于 $i \in [n_1 + n_2]$ 单调递减。

令 $\overline{S}'$，$i \in [n_1 + n_2 - 1]$ 为最小割集 C_1 和 C_2 构成的系统的生存签名。由定理 5.4 可知 $\overline{\boldsymbol{S}}_i'$ 是 IFR。注意到 $C_3 \cap (C_1 \cup C_2) = \varnothing$，因为 $n_3 = 1$。由引理 5.3 可知，由 C_1、C_2、C_3 组成的系统的生存签名可以表示为

$$\overline{S}_i = \frac{\binom{n_1 + n_2}{i}}{\binom{n_1 + n_2 + 1}{i}} \overline{S}_i'$$

其中，$i \in [n_1 + n_2]$。故当 $i \in [n_1 + n_2]$ 时，

$$\frac{\overline{S}_i}{\overline{S}_{i-1}} = h(i) \frac{\overline{S}_i'}{\overline{S}_{i-1}'}$$

其中

$$h(i) = \frac{n_1 + n_2 - i + 1}{n_1 + n_2 - i + 2}$$

因为 $\overline{\boldsymbol{S}}'$ 是 IFR，所以有

$$\frac{\overline{S}_i'}{\overline{S}_{i-1}'}$$

关于 $i \in [n_1 + n_2]$ 单调递减。很容易验证 $h(i)$ 关于 $i \in [n_1 + n_2]$ 亦单调递减。因此，$k = 3$ 时定理成立。

现在假设该定理对 $k = j$ 成立，$j \geqslant 3$。只要证明当 $k = j + 1$ 时 $\overline{S}_i / \overline{S}_{i-1}$ 关于 i 单调递减。假设 $\overline{S}_i^*$ 是前 j 个最小割集 $C_1, C_2, \cdots, C_j$ 构成的系统的生存签名。那么，$\overline{\boldsymbol{S}}^*$ 是 IFR。与上述 $k = 3$ 证明完全类似，可以证明当 $k = j + 1$ 时 $\overline{S}_i / \overline{S}_{i-1}$ 关于 i 单调递减。

5.3　矩已知时系统签名的界

第 3 章建立了系统签名在仅给定系统最小割集或最小路集容量的条件下的界。本节将考虑另一重要情形——系统签名随机变量矩已知时签名的界。给定签名随机

变量的矩时，基于前面讨论的签名的年龄性质建立相应的界。

采用 Sengupta 等（1995）所建立的离散随机变量基于年龄性质的生存函数界的方法。考虑一个 n 元件关联系统，其签名为 $\boldsymbol{\overline{s}}$ ，生存签名为 $\boldsymbol{\overline{S}}$ ，签名随机变量为 N。记 N 的 r 阶矩为 μ_r ，则

$$\begin{aligned}\mu_r &= E\left[N^r\right] \\ &= \sum_{i=1}^{n} i^r s_i \\ &= \sum_{i=1}^{n}\sum_{j=0}^{i-1}\left((j+1)^r - j^r\right)s_i \\ &= \sum_{j=0}^{n-1}\overline{S}_j\left((j+1)^r - j^r\right)\end{aligned}$$

对于任意的 $i<\mu_r^{1/r}$ ，引入 $\overline{S}'_j=\mathbb{I}_{(j\geqslant i)}\overline{S}_i^{j/i}+\mathbb{I}_{(j<i)}$， $j=0,1,\cdots,n-1$ 。签名具有 SSLSF 性，故对所有的 j， $\overline{S}'_j\geqslant\overline{S}_j$ 则

$$\begin{aligned}\mu_r &\leqslant \sum_{j=0}^{n-1}\overline{S}'_j\left((j+1)^r - j^r\right) \\ &= \sum_{j=0}^{i-1}\left((j+1)^r - j^r\right)+\sum_{j=i}^{n-1}\overline{S}_i^{j/i}\left((j+1)^r - j^r\right) \\ &= i^r + \sum_{j=i}^{n-1}\overline{S}_i^{j/i}\left((j+1)^r - j^r\right) \\ &= i^r + f\left(\overline{S}_i\right)\end{aligned}$$

其中

$$f(x)=\sum_{j=i}^{n-1}x^{j/i}\left((j+1)^r - j^r\right)$$

$i^r<\mu_r$，并且当 $x\to 0$ 时， $f(x)$ 单调递减趋于 0，则一定存在一个数 $\alpha_i\geqslant 0$ 使得

$$\mu_r = i^r + f(\alpha_i) \tag{5.6}$$

并且$\alpha_i \leqslant \overline{S}_i$。因此，生存签名的下界产生：

$$\overline{S}_i \geqslant \mathbb{I}_{\left(i<\mu_r^{1/r}\right)}\alpha_i \quad (5.7)$$

特别地，若$r=1$，即N的期望已知，此时式（5.7）中下界为

$$\overline{S}_i \geqslant \mathbb{I}_{\left(i<\mu_1\right)}\alpha_i \quad (5.8)$$

其中，式（5.6）可以简化为

$$\alpha_i = \left(\mu_1 - i\right)\left(1 - x^{1/i}\right) + \alpha_i^{n/i} \quad (5.9)$$

类似地可以建立上界：对于任意的$i > \mu_r^{1/r} - 1$，引入$\overline{S}''_j = \mathbb{I}_{\left(j\leqslant i\right)}\overline{S}_i^{j/i}$，$j = 0,1,\cdots,n-1$。由于签名具有 SSLSF 性，故对所有的$j$，$\overline{S}''_j \leqslant \overline{S}_j$，有

$$\mu_r \geqslant \sum_{j=0}^{n-1}\overline{S}''_j\left(\left(j+1\right)^r - j^r\right) = \sum_{j=0}^{i}\overline{S}_i^{j/i}\left(\left(j+1\right)^r - j^r\right) = g\left(\overline{S}_i\right)$$

其中

$$g\left(x\right) = \sum_{j=0}^{i}x^{j/i}\left(\left(j+1\right)^r - j^r\right)$$

当$x \to 1$时，$g\left(x\right) \to \left(i+1\right)^r > \mu_r$。此时，一定存在一个数$\beta_i$使得

$$\mu_r = g\left(\beta_i\right) \quad (5.10)$$

且$\beta_i \geqslant \overline{S}_i$。生存签名的上界产生：

$$\overline{S}_i \leqslant \mathbb{I}_{\left(i>\mu_r^{1/r}-1\right)}\beta_i + \mathbb{I}_{\left(i\leqslant\mu_r^{1/r}-1\right)} \quad (5.11)$$

特别地，若$r=1$，式（5.11）中上界为

$$\overline{S}_i \leqslant \mathbb{I}_{\left(i>\mu_1-1\right)}\beta_i + \mathbb{I}_{\left(i\leqslant\mu_1-1\right)} \quad (5.12)$$

其中，式（5.10）简化为

$$1 - \beta_i^{1+1/i} = \mu_1\left(1 - \beta_i^{1/i}\right) \quad (5.13)$$

上述的生存签名的上下界都依赖签名的 SSLSF 性质。5.2 节建立了一些系统签名具有 IFR 的充分条件，通过理论结果和数值分析可以看出，系统签名的 IFR 性质也具有一定的普遍性。当签名具有 IFR 性时，上述的生存签名的下界可以被进一步提升。

对于任意的$i < \mu_r^{1/r}$，引入

$$\overline{S}_j^* = \mathbb{I}_{(j \geqslant \tau)} \left(\frac{\overline{S}_i}{\overline{S}_{i-1}} \right)^{j-\tau} + \mathbb{I}_{(j<\tau)}, \quad j = 0,1,\cdots,n-1$$

其中

$$\tau = i - 1 - \frac{\ln \overline{S}_{i-1}}{\ln \overline{S}_i - \ln \overline{S}_{i-1}}$$

由 $\overline{S}_i$ 的 IFR 性质，不难得到 $\overline{S}_j^* \geqslant \overline{S}_j, j = 0,1,\cdots,n-1$ 。类似地，得到

$$\mu_r \leqslant \tau^r + \sum_{j=\tau}^{n-1} \left(\frac{\overline{S}_i}{\overline{S}_{i-1}} \right)^{j-\tau} \left((j+1)^r - j^r \right)$$

故存在一个实数 $0 < a \leqslant \overline{S}_i / \overline{S}_{i-1}$ 使得

$$\mu_r = \tau^r + \sum_{j=\tau}^{n-1} a^{j-\tau} \left((j+1)^r - j^r \right)$$

并且

$$a^{i-\tau} \leqslant \overline{S}_i$$

因此，由存在性可以考虑下列优化得到 $\overline{S}_i$ 下界，对任意的 $i = 0,1,\cdots,n-1$ ，

$$\overline{S}_i \geqslant \mathbb{I}_{(i<\mu_r)} \inf_{\substack{0<a\leqslant 1, 0\leqslant \tau<i \\ \mu_r = \tau^r + \sum_{j=\tau}^{n-1} a^{j-\tau}\left((j+1)^r - j^r\right)}} a^{i-\tau} \tag{5.14}$$

特别地，若 $r=1$ ，式（5.14）进一步缩小为

$$\begin{aligned}
\overline{S}_i &\geqslant \mathbb{I}_{(i<\mu_1)} \inf_{\substack{0<a\leqslant 1, 0\leqslant \tau<i \\ \mu_1 = \tau + \sum_{j=\tau}^{n-1} a^{j-\tau}}} a^{i-\tau} \\
&\geqslant \inf_{\substack{0<a\leqslant 1, 0\leqslant \tau<i \\ \mu_1 \leqslant \tau + \sum_{j=\tau}^{n-1} a^{j-\tau}}} a^{i-\tau} \\
&\geqslant \inf_{\substack{0<a\leqslant 1, 0\leqslant \tau<i \\ \mu_1 \leqslant \tau + \sum_{j=\tau}^{\infty} a^{j-\tau}}} a^{i-\tau} \\
&= \inf_{\substack{0<a\leqslant 1, 0\leqslant \tau<i \\ \mu_1 \leqslant \tau + 1/(1-a)}} a^{i-\tau}
\end{aligned}$$

而容易得到

$$\operatorname*{Inf}_{\substack{0<a\leqslant 1,0\leqslant \tau<i\\ \mu_1\leqslant \tau+1/(1-a)}} a^{i-\tau}=\left(1-\frac{1}{\mu_1}\right)^i$$

即下确界取值于

$$\tau=0,\quad a=1-\frac{1}{\mu_1}$$

最终，$r=1$时有下界

$$\bar{S}_i\geqslant \mathbb{I}_{(i<\mu_r)}\left(1-\frac{1}{\mu_1}\right)^i$$

定理 5.6　记$\bar{\boldsymbol{S}}$为n元件关联系统的生存签名，μ_r为签名随机变量的r阶矩。

（1）下列界成立：

$$\mathbb{I}_{\left(i<\mu_r^{1/r}\right)}\alpha_i\leqslant \bar{S}_i\leqslant \mathbb{I}_{\left(i>\mu_r^{1/r}-1\right)}\beta_i+\mathbb{I}_{\left(i\leqslant \mu_r^{1/r}-1\right)}$$

其中，α_i和β_i分别由式（5.6）和式（5.10）确定；当$r=1$时，有下式成立

$$\mathbb{I}_{(i<\mu_1)}\alpha_i\leqslant \bar{S}_i\leqslant \mathbb{I}_{(i>\mu_1-1)}\beta_i+\mathbb{I}_{(i\leqslant \mu_1-1)}$$

其中，α_i和β_i分别由式（5.9）和式（5.13）确定。

（2）若签名满足 IFR 性，则进一步有下界

$$\bar{S}_i\geqslant \mathbb{I}_{(i<\mu_r)}\operatorname*{Inf}_{\substack{0<a\leqslant 1,0\leqslant \tau<i\\ \mu_r=\tau^r+\sum_{j=\tau}^{n-1}a^{j-\tau}\left((j+1)^r-j^r\right)}} a^{i-\tau}$$

当$r=1$时，有下式成立

$$\bar{S}_i\geqslant \mathbb{I}_{(i<\mu_1)}\left(1-\frac{1}{\mu_1}\right)^i$$

例 5.2　考虑例 3.3 中的 8 元件的关联系统，该系统的签名向量为

$$\boldsymbol{s}=\left(\frac{1}{8},\frac{11}{56},\frac{9}{28},\frac{3}{14},\frac{3}{28},\frac{1}{28},0,0\right)$$

可以验证到该系统签名具有 IFR 性。该签名随机变量的期望为$\mu_1=3.089$。在期望已知的条件下，计算了定理 5.6 提供的生存签名的界，见图 5.1。生存签名 IFR 下界较 SSLSF 下界更优。

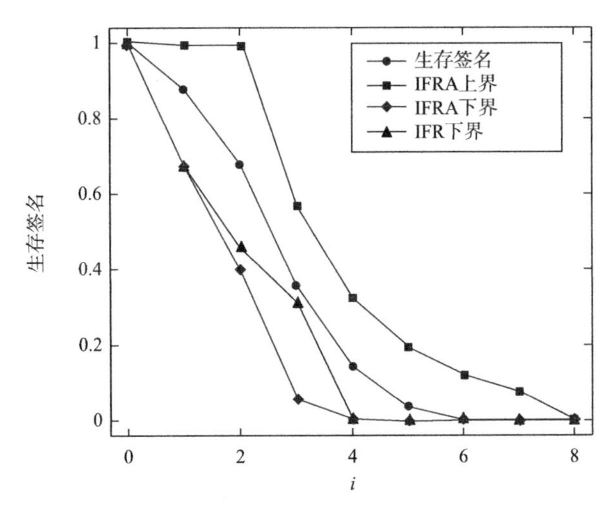

图 5.1　8 元件系统（例 3.3）生存签名及其基于年龄性质的界

5.4　本 章 小 结

本章介绍了系统签名的年龄性质。首先，5.1 节证明了任意关联系统的签名具有对数星型性质，因此也具有 IFRA 性（定理 5.1）。基于这一性质，对签名变量的行为有了更深入的理解，而且还得到签名无内零分量这一重要特征（推论 5.2）。5.2 节重点关注了系统签名的 IFR 性，探索了什么样的系统其签名具有 IFR 性。证明了串联-$\boldsymbol{n}$ 中取 $\boldsymbol{k}$ 系统的签名具有 IFR 性（定理 5.2），而串并联系统是这一系统的特例。此外，还给出了几个较为一般的签名 IFR 性质的充分条件（定理 5.3~定理 5.5），这些条件非常简单，因此实用性很好。

在 5.3 节，作为签名年龄性质的一个应用，讨论了签名矩已知时系统签名的界的问题，这些界的建立主要来自签名的 IFRA 性质和 IFR 性质（定理 5.6），这些界对粗略估计签名有重要意义。

签名的年龄行为或性质是一个非常有意义的研究话题，特别是签名的 IFR 年龄性质，它的充分条件不应仅局限在 5.2 节所建立的结果，还需要进一步的探索。关于签名年龄性质的更多讨论，可参考 EI-Neweihi 等（1978a），Ross 等（1980），D’Andrea 和 de Sanctis（2015），Da 等（2018a）的相关研究。

第6章 二元签名

前面所介绍的系统签名概念及相关理论都是局限在传统的二状态系统框架下，本章将扩展系统签名的概念至（二状态元件构成的）三状态系统框架下——二元系统签名，并介绍二元系统签名相关理论，包括三状态系统的可靠性基于二元签名的混合表达、二元签名与系统路集（割集）的关系，以及三状态模块系统签名算法等。

6.1 二元签名定义与性质

6.1.1 二元签名定义

考虑一个三状态的 n 元件系统，其中元件状态是二元的，系统结构函数为

$$\phi:\{0,1\}^n \to \{0,1,2\}$$

其中，状态 2 表示系统的完美工作状态，状态 1 表示部分失效状态，而状态 0 表示完全失效状态。假定系统满足下列正则假设：

（1）系统是关联的，也就是说，ϕ 是单调递增的，而且每个元件与系统都相关。

（2）一个元件的失效最多引起系统状态的一阶递减。

（3）开始时所有元件都是完美的，也就是处于状态 2。

则满足上述假设的系统至少具有两个元件。上述的二状态元件构成的三状态系统（以下简称三状态系统）有广泛的应用背景，一个典型的例子是网络因边的失效所导致的连通性改变（Levitin et al.，2011）。在该系统模型下，Gertsbakh 等（2012）和 Levitin 等（2011）运用纯组合方式定义了二元签名概念。

对于任意的元件失效排序 $\boldsymbol{\pi} \in \Pi_n$，根据正则假设，存在两个正整数

$\ell_1 = \ell_1(\boldsymbol{\pi})$，$\ell_2 = \ell_2(\boldsymbol{\pi})$ 使得对于 $k = 1,2$，有

$$\phi\left(0_{\pi_1}, \cdots, 0_{\pi_{\ell_k - 1}}, 1_{\pi_{\ell_k}}, \cdots, 1_{\pi_n}\right) = 3 - k \tag{6.1}$$

$$\phi\left(0_{\pi_1}, \cdots, 0_{\pi_{\ell_k - 1}}, 0_{\pi_{\ell_k}}, 1_{\pi_{\ell_k}}, \cdots, 1_{\pi_n}\right) = 2 - k \tag{6.2}$$

对于任意的 $1 \leqslant i < j \leqslant n$，记

$$A_{i,j} := \left\{\boldsymbol{\pi} \in \Pi_n\text{：} \ell_1(\boldsymbol{\pi}) = i, \quad \ell_2(\boldsymbol{\pi}) = j\right\} \tag{6.3}$$

定义 6.1 系统 ϕ 的二元签名定义为 $n \times n$ 的概率矩阵 $\boldsymbol{s} = \left(s_{i,j}\right)_{1 \leqslant i,j \leqslant n}$，其中

$$s_{i,j} = \begin{cases} \dfrac{\left|A_{i,j}\right|}{n!}, & 1 \leqslant i < j \leqslant n \\ 0, & \text{其他} \end{cases}$$

上述的定义是纯组合方式，完全不涉及元件寿命信息。等价地，可以基于寿命的方式定义二元签名，这一定义方式将为进一步研究和扩展二元签名提供方便。

记 $X_1, X_2, \cdots, X_n$ 为三状态系统元件的寿命，假定这些寿命是无结点且可交换的随机变量。记 T_1, T_2 为系统处于状态 2 和状态 1 以上的时间。

定义 6.2 定义：

（1）系统的二元签名为 $n \times n$ 的概率矩阵 $\boldsymbol{s} = \left(s_{i,j}\right)_{1 \leqslant i,j \leqslant n}$，其中，

$$s_{i,j} = \begin{cases} P\left(T_1 = X_{i:n}, T_2 = X_{j:n}\right), & 1 \leqslant i < j \leqslant n \\ 0, & \text{其他} \end{cases}$$

（2）系统的二元生存签名为 $n \times n$ 的概率矩阵 $\overline{\boldsymbol{S}} = \left(\overline{S}_{i,j}\right)_{0 \leqslant i,j \leqslant n-1}$，其中，

$$\overline{S}_{i,j} = P\left(T_1 > X_{i:n}, T_2 > X_{j:n}\right) = \sum_{l=i+1}^{n-1} \sum_{m=\max(l+1,j+1)}^{n} s_{l,m}$$

（3）系统的二元累积签名为 $n \times n$ 的概率矩阵 $\boldsymbol{S} = \left(S_{i,j}\right)_{1 \leqslant i,j \leqslant n}$，其中，

$$S_{i,j} = P\left(T_1 \leqslant X_{i:n}, T_2 \leqslant X_{j:n}\right) = \sum_{l=1}^{\min(i,j)} \sum_{m=l+1}^{j} s_{l,m}$$

对于生存签名和累积签名，有下式成立

$$\overline{S}_{i,j} = \overline{S}_{i,i}, \quad 0 \leqslant j \leqslant i \leqslant n-1$$

$$S_{i,j} = S_{j,j}, \quad 1 \leqslant j \leqslant i \leqslant n$$

因此，在今后计算二元生存和累积签名时，只关心$i \leqslant j$的情形即可。当二元生存或累积签名获得时，可通过下列等式计算二元签名：

$$s_{i,j} = \overline{S}_{i-1,j-1} - \overline{S}_{i,j-1} - \overline{S}_{i-1,j} + \overline{S}_{i,j}$$
$$s_{i,j} = S_{i,j} - S_{i,j-1} - S_{i-1,j} + S_{i-1,j-1}$$

6.1.2　二元签名性质

已知二状态系统寿命（元件寿命可交换）可靠性可以表示为次序统计量基于签名的混合表达。对于三状态系统的二元签名，也有类似的结果。

定理 6.1　对任意的$0 \leqslant t_1 \leqslant t_2$，

$$P(T_1 > t_1, T_2 > t_2) = \sum_{i=1}^{n-1}\sum_{j=i+1}^{n} s_{i,j} P(X_{i:n} > t_1, X_{j:n} > t_2) \tag{6.4}$$

或者

$$P(T_1 > t_1, T_2 > t_2) = \sum_{l=0}^{n-2}\sum_{m=l}^{n-1} \overline{S}_{l,m} P(N(t_1) = l, N(t_2) = m) \tag{6.5}$$

其中，$N(t)$表示t时刻处于失效状态的元件个数。若元件寿命是独立同分布的，其分布函数和生存函数分别记作F和$\overline{F}$，则有

$$P(T_1 > t_1, T_2 > t_2) = \sum_{i=1}^{n-1}\sum_{j=i+1}^{n}\sum_{l=0}^{i-1}\sum_{m=l}^{j-1} s_{i,j} \binom{n}{l, m-l} F^l(t_1)\left(F(t_2) - F(t_1)\right)^{m-l} \overline{F}^{n-m}(t_2)$$

或者

$$P(T_1 > t_1, T_2 > t_2) = \sum_{l=0}^{n-2}\sum_{m=l}^{n-1} \overline{S}_{l,m} \binom{n}{l, m-l} F^l(t_1)\left(F(t_2) - F(t_1)\right)^{m-l} \overline{F}^{n-m}(t_2) \tag{6.6}$$

证明　根据二元签名的定义，以及全概率公式有

$$\begin{aligned} P(T_1 > t_1, T_2 > t_2) &= \sum_{i=1}^{n}\sum_{j=i+1}^{n} P(T_1 > t_1, T_2 > t_2 \mid T_1 = X_{i:n}, T_2 = X_{j:n}) \\ &\quad P(T_1 = X_{i:n}, T_2 = X_{j:n}) \\ &= \sum_{i=1}^{n-1}\sum_{j=i+1}^{n} s_{i,j} P(X_{i:n} > t_1, X_{j:n} > t_2 \mid T_1 = X_{i:n}, T_2 = X_{j:n}) \end{aligned}$$

$\left\{T_1 = X_{i:n}, T_2 = X_{j:n}\right\}$ 与 $\{X_{i:n} > t_1, X_{j:n} > t_2\}$ 两事件独立，则

$$P\left(T_1 > t_1, T_2 > t_2\right) = \sum_{i=1}^{n-1} \sum_{j=i+1}^{n} s_{i,j} P\left(X_{i:n} > t_1, X_{j:n} > t_2\right)$$

已知对任意的 $1 \leqslant i < j \leqslant n$，次序统计量联合分布可以表示为

$$P\left(X_{i:n} > t_1, X_{j:n} > t_2\right) = \sum_{l=0}^{i-1} \sum_{m=l}^{j-1} P\left(N(t_1) = l, N(t_2) = m\right)$$

于是

$$\begin{aligned} P\left(T_1 > t_1, T_2 > t_2\right) &= \sum_{i=1}^{n-1} \sum_{j=i+1}^{n} s_{i,j} P\left(X_{i:n} > t_1, X_{j:n} > t_2\right) \\ &= \sum_{i=1}^{n-1} \sum_{j=i+1}^{n} \sum_{l=0}^{i-1} \sum_{m=l}^{j-1} s_{i,j} P\left(N(t_1) = l, N(t_2) = m\right) \\ &= \sum_{l=0}^{n-2} \sum_{m=l}^{n-1} \left(\sum_{i=l+1}^{n-1} \sum_{j=\max(m+1,\ i+1)}^{j-1} s_{i,j} \right) P\left(N(t_1) = l, N(t_2) = m\right) \end{aligned}$$

根据定义 6.2（2）中二元生存签名的定义，可得

$$\sum_{i=l+1}^{n-1} \sum_{j=\max(m+1,i+1)}^{j-1} s_{i,j} = \bar{S}_{l,m}$$

则式（6.5）成立。当元件寿命独立同分布时，有

$$P\left(N(t_1) = l, N(t_2) = m\right) = \binom{n}{l, m-l} F^{l}(t_1)\left(F(t_2) - F(t_1)\right)^{m-l} \bar{F}^{n-m}(t_2) \tag{6.7}$$

证毕。

定理 6.2　对任意的 $0 \leqslant t_1 \leqslant t_2$，

$$P\left(T_1 \leqslant t_1, T_2 \leqslant t_2\right) = \sum_{i=1}^{n-1} \sum_{j=i+1}^{n} s_{i,j} P\left(X_{i:n} \leqslant t_1, X_{j:n} \leqslant t_2\right) \tag{6.8}$$

或者

$$P\left(T_1 \leqslant t_1, T_2 \leqslant t_2\right) = \sum_{l=1}^{n} \sum_{m=\max(2,l)}^{n} S_{l,m} P\left(N(t_1) = l, N(t_2) = m\right) \tag{6.9}$$

其中，$N(t)$ 表示 t 时刻处于失效状态的元件个数。若元件寿命是独立同分布的，其分布函数和生存函数分别记作 F 和 $\bar{F}$，则有

$$P\left(T_1 \leqslant t_1, T_2 \leqslant t_2\right)=\sum_{i=1}^{n-1} \sum_{j=i+1}^{n} \sum_{l=i}^{n} \sum_{m=\max(l, j)}^{j-1} s_{i, j}\binom{n}{l, m-l} F^l\left(t_1\right)\left(F\left(t_2\right)-F\left(t_1\right)\right)^{m-l} \bar{F}^{n-m}\left(t_2\right)$$

或者

$$P\left(T_1 \leqslant t_1, T_2 \leqslant t_2\right)=\sum_{l=1}^{n} \sum_{m=\max(2, l)}^{n} S_{l, m}\binom{n}{l, m-l} F^l\left(t_1\right)\left(F\left(t_2\right)-F\left(t_1\right)\right)^{m-l} \bar{F}^{n-m}\left(t_2\right) \tag{6.10}$$

证明 类似于式（6.4），可得式（6.8）。已知对任意的$1 \leqslant i<j \leqslant n$，次序统计量联合分布可以表示为

$$P\left(X_{i:n} \leqslant t_1, X_{j:n} \leqslant t_2\right)=\sum_{l=i}^{n} \sum_{m=\max(l, j)}^{n} P\left(N\left(t_1\right)=l, N\left(t_2\right)=m\right)$$

于是，

$$\begin{aligned}
P\left(T_1 \leqslant t_1, T_2 \leqslant t_2\right) & =\sum_{i=1}^{n-1} \sum_{j=i+1}^{n} s_{i, j} P\left(X_{i:n} \leqslant t_1, X_{j:n} \leqslant t_2\right) \\
& =\sum_{i=1}^{n-1} \sum_{j=i+1}^{n} \sum_{l=i}^{n} \sum_{m=\max(l, j)}^{n} s_{i, j} P\left(N\left(t_1\right)=l, N\left(t_2\right)=m\right) \\
& =\sum_{l=1}^{n} \sum_{m=\max(2, l)}^{n}\left(\sum_{i=1}^{l} \sum_{j=i+1}^{m} s_{i, j}\right) P\left(N\left(t_1\right)=l, N\left(t_2\right)=m\right)
\end{aligned}$$

式中的$l \leqslant m$，由定义 6.2（3）中累积签名的定义，可得

$$\sum_{i=1}^{l} \sum_{j=i+1}^{m} s_{i, j}=S_{l, m}$$

则式（6.9）成立。独立同分布的情形只需式（6.7），证毕。

2.2.1 节介绍了系统与对偶系统的签名的关系式（2.7）和式（2.8）。接下来考虑三状态系统与对偶系统二元签名的关系。根据 El-Neweihi 等（1978b）关于多状态系统对偶系统的定义，三状态结构ϕ的对偶结构为

$$\phi^D(\boldsymbol{x})=2-\phi(1-\boldsymbol{x}), \quad \boldsymbol{x} \in\{0,1\}^n$$

定理 6.3 记$\boldsymbol{s}$和$\boldsymbol{s}^D$分别为一个三状态系统与其对偶系统的二元签名，二者满足如下关系：对任意的$1 \leqslant i<j \leqslant n$，

$$s_{i, j}^D=s_{n-j+1, n-i+1}$$

证明　如式（6.3），对应地，关于对偶系统，记

$$A_{r_1,r_2}^D := \left\{ \boldsymbol{\pi} \in \Pi_n: \ \ell_1'(\boldsymbol{\pi}) = r_1, \ \ell_2'(\boldsymbol{\pi}) = r_2 \right\}$$

只需证明对任意的$1 \leqslant i < j \leqslant n$，

$$\left| A_{r_1,r_2} \right| = \left| A_{n-r_2+1,n-r_1+1}^D \right| \tag{6.11}$$

对任意固定的$\boldsymbol{\pi} \in A_{r_1,r_2}$，根据式（6.1）和式（6.2），对$i = 1,2$，

$$\phi\left(0_{\pi_1}, \cdots, 0_{\pi_{r_i-1}}, 1_{\pi_{r_i}}, \cdots, 1_{\pi_n}\right) = 3 - i$$

$$\phi\left(0_{\pi_1}, \cdots, 0_{\pi_{r_i-1}}, 0_{\pi_{r_i}}, 1_{\pi_{r_i+1}}, \cdots, 1_{\pi_n}\right) = 2 - i$$

由对偶的定义，对于$i = 1,2$，有下式成立：

$$\phi^D\left(0_{\pi_n}, \cdots, 0_{\pi_{r_i+1}}, 0_{\pi_{r_i}}, 1_{\pi_{r_i-1}}, \cdots, 1_{\pi_1}\right) = i - 1$$

$$\phi^D\left(0_{\pi_n}, \cdots, 0_{\pi_{r_i+1}}, 1_{\pi_{r_i}}, 1_{\pi_{r_i-1}}, \cdots, 1_{\pi_1}\right) = i$$

这意味着

$$R(\boldsymbol{\pi}) = \left(\pi_n, \pi_{n-1}, \cdots, \pi_1\right) \in A_{n-r_2+1,n-r_1+1}$$

同理，对于任意的$\boldsymbol{\pi} \in A_{n-r_2+1,n-r_1+1}^D$，有

$$R(\boldsymbol{\pi}) \in A_{r_1,r_2}$$

因此，A_{r_1,r_2}与$A_{n-r_2+1,n-r_1+1}^D$建立了一一对应关系，则式（6.11）成立。证毕。

定理6.3给出了三状态系统签名与其对偶系统签名之间的关系，这种关系可以简单地表述为“次对称”，即原系统的签名矩阵的元素与其次对角线对称位置的元素互换后得到的矩阵为对偶系统的签名矩阵。若考虑对偶系统生存签名，这种“次对称”关系表现为：对任意的$0 \leqslant i \leqslant j \leqslant n-1$，有

$$\begin{aligned}
\overline{S}_{i,j}^D &= \sum_{l=i+1}^{n-1} \sum_{j=\max(l+1,m+1)}^{n} s_{n-m+1,n-l+1} \\
&= \sum_{l=2}^{n-i} \sum_{m=1}^{\min(l,n-j)} s_{m,l} \\
&= \sum_{m=1}^{\min(n-i,n-j)} \sum_{l=m+1}^{n-i} s_{m,l} \\
&= S_{n-j,n-i}
\end{aligned}$$

即原系统的累积签名矩阵（生存签名矩阵）的元素与其次对角线对称位置的元素互换后得到的矩阵为对偶系统的生存签名矩阵（累积签名矩阵）（注意，生存签名矩阵行列编号从0开始）。

6.1.3 二元签名的路集（割集）表示

第2章介绍了二状态系统签名的Boland公式（2.13），这一公式阐述了生存签名和系统路集的关系，在计算和分析系统签名的过程中有重要的作用。本节将讨论二元签名的类似性质。

首先介绍三状态系统路集和割集的概念。

定义 6.3 考虑一个n元件的三状态系统，记$c=[n]$为系统的元件集。

（1）称子集$P\subset[n]$为路集，若子集P中的元件工作使得系统至少处于部分工作状态，即系统状态大于等于1。

（2）称子集$Q\subset[n]$为完美路集，若子集Q中的元件工作使得系统处于完美工作状态，即系统状态等于2。

（3）称子集$U\subset[n]$为割集，若子集U中的元件失效使得系统至多处于部分工作状态，即系统状态小于等于1。

（4）称子集$V\subset[n]$为完全割集，若子集V中的元件失效使得系统处于完全失效状态，即系统状态等于0。

（5）称(Q,P)为(i,j)阶路集对，若Q是一个完美路集，P是一个路集，并且$|Q|=i$，$|P|=j$以及$P\subset Q$；称(U,V)为(i,j)阶割集对，若U是一个割集，V是一个完全割集，并且$|U|=i$，$|V|=j$以及$U\subset V$。

记$\mathcal{Q}_i$和$\mathcal{P}_j$分别为i阶完美路集的集合和j阶路集的集合，$\mathcal{U}_i$和$\mathcal{V}_j$分别为i阶割集的集合和j阶完全割集的集合，记$d_{i,j}$和$f_{i,j}$分别为(i,j)阶路集对和割集对的数目，即

$$d_{i,j}=\#\left\{(Q,P):\ Q\in\mathcal{Q}_i,P\in\mathcal{P}_j,P\subset Q\right\}$$

$$f_{i,j}=\#\left\{(U,V):\ U\in\mathcal{U}_i,V\in\mathcal{V}_j,U\subset V\right\}$$

记

$$\rho_{i,j}=\frac{d_{i,j}}{\binom{n}{j,i-j}},\quad i=2,3,\cdots,n,\quad j=1,2,\cdots,i \tag{6.12}$$

为(i,j)阶路集对在任意两个子集对（满足后者是前者的子集）中所占的比例，记

$$\tau_{i,j}=\frac{f_{i,j}}{\binom{n}{i,j-i}},\quad i=1,2,\cdots,n,\quad j=i,i+1,\cdots,n \tag{6.13}$$

为(i,j)阶割集对在任意两个子集对（满足前者是后者的子集）中所占的比例。

定理 6.1 从系统可靠性基于签名的混合表达出发，建立了可靠性基于二元生存签名的表达式（6.5）。接下来考虑从另一个角度切入，建立系统可靠性的表达式。对任意的$0\leqslant t_1\leqslant t_2$，可按$t_1$和$t_2$时刻处于失效状态的元件数目划分样本空间，则有

$$P(T_1>t_1,T_2>t_2)=\sum_{l=0}^{n}\sum_{m=l}^{n}P\left(T_1>t_1,T_2>t_2\mid N(t_1)=l,N(t_2)=m\right)P\left(N(t_1)=l,N(t_2)=m\right)$$

进一步考虑失效元件的位置或者编号，记事件

$$E_{A,B}=\left\{\begin{matrix}A\text{中元件在}t_1\text{失效，}B\text{中元件在}t_1\text{工}\\ \text{作但在}t_2\text{失效，其余元件在}t_2\text{工作}\end{matrix}\right\}$$

成立

$$\begin{aligned}&P\left(T_1>t_1,T_2>t_2\mid N(t_1)=l,N(t_2)=m\right)\\&=\sum_{\substack{A\subset[n],|A|=l\\B\subset[n],|B|=m-l\\A\cap B=\varnothing}}P\left(T_1>t_1,T_2>t_2|E_{A,B}\right)P\left(E_{A,B}|N(t_1)=l,N(t_2)=m\right)\end{aligned} \tag{6.14}$$

容易看到，一方面

$$P\left(E_{A,B}|N(t_1)=l,N(t_2)=m\right)=\frac{1}{\binom{n}{l,m-l}}$$

另一方面，$P\left(T_1>t_1,T_2>t_2|E_{A,B}\right)$只与系统结构有关，而与时间无关，并且当且仅当$[n]\setminus(A\cup B)$和$[n]\setminus A$分别为$n-m$阶路集和$n-l$阶完美路集时，该概率值为 1，即

$$P\left(T_1>t_1,T_2>t_2|E_{A,B}\right)=\mathbb{I}_{\left([n]\setminus(A\cup B)\in\mathcal{P}_{n-m},\,[n]\setminus A\in\mathcal{Q}_{n-l}\right)}$$

因此，

$$P\left(T_1>t_1,T_2>t_2\mid N\left(t_1\right)=l,N\left(t_2\right)=m\right)$$
$$=\frac{1}{\binom{n}{l,m-l}}\sum_{\substack{A\subset[n],|A|=l\\B\subset[n],|B|=m-l\\A\cap B=\varnothing}}\mathbb{I}_{\left([n]\setminus(A\cup B)\in\mathcal{P}_{n-m},[n]\setminus A\in\mathcal{Q}_{n-l}\right)}=\rho_{n-l,n-m}$$

将上式代入式（6.14），有

$$\begin{aligned}P\left(T_1>t_1,T_2>t_2\right)&=\sum_{l=0}^{n}\sum_{m=l}^{n}\rho_{n-l,n-m}P\left(N\left(t_1\right)=l,N\left(t_2\right)=m\right)\\&=\sum_{l=0}^{n-2}\sum_{m=l}^{n-1}\rho_{n-l,n-m}P\left(N\left(t_1\right)=l,N\left(t_2\right)=m\right)\end{aligned}\tag{6.15}$$

其中，第二个等号成立是因为$\rho_{i,j}\equiv 0$若$i\leqslant 1$或$j=0$。特别地，当元件寿命独立同分布时，由式（6.7），有

$$P\left(T_1>t_1,T_2>t_2\right)=\sum_{l=0}^{n-2}\sum_{m=l}^{n-1}\rho_{n-l,n-m}\binom{n}{l,m-l}F^{l}\left(t_1\right)\left(F\left(t_2\right)-F\left(t_1\right)\right)^{m-l}\bar{F}^{n-m}\left(t_2\right)\tag{6.16}$$

其中，F和$\bar{F}$分别表示元件寿命分布函数和生存函数。

对于系统寿命的分布函数，类似地，有

$$P\left(T_1\leqslant t_1,T_2\leqslant t_2\right)$$
$$=\sum_{l=0}^{n}\sum_{m=l}^{n}P\left(T_1\leqslant t_1,T_2\leqslant t_2\mid N\left(t_1\right)=l,N\left(t_2\right)=m\right)P\left(N\left(t_1\right)=l,N\left(t_2\right)=m\right)$$

以及

$$P\left(T_1\leqslant t_1,T_2\leqslant t_2\mid N\left(t_1\right)=l,N\left(t_2\right)=m\right)$$
$$=\sum_{\substack{A\subset[n],|A|=l\\B\subset[n],|B|=m-l\\A\cap B=\varnothing}}P\left(T_1\leqslant t_1,T_2\leqslant t_2|E_{A,B}\right)P\left(E_{A,B}|N\left(t_1\right)=l,N\left(t_2\right)=m\right)$$

而

$$P\left(T_1\leqslant t_1,T_2\leqslant t_2|E_{A,B}\right)=\mathbb{I}_{\left(A\in\mathcal{U}_l,A\cup B\in\mathcal{V}_m\right)}$$

故

$$P\left(T_1 \leqslant t_1, T_2 \leqslant t_2 \mid N(t_1)=l, N(t_2)=m\right)$$
$$=\frac{1}{\binom{n}{l,m-l}}\sum_{\substack{A\subset[n],|A|=l\\ B\subset[n],|B|=m-l\\ A\cap B=\varnothing}}\mathbb{I}_{(A\in\mathcal{V}_l, A\cup B\in\mathcal{U}_m)}=\tau_{l,m}$$

进而

$$\begin{aligned}P\left(T_1 \leqslant t_1, T_2 \leqslant t_2\right)&=\sum_{l=0}^{n}\sum_{m=l}^{n}\tau_{l,m}P\left(N(t_1)=l, N(t_2)=m\right)\\&=\sum_{l=1}^{n}\sum_{m=\max(2,l)}^{n}\tau_{l,m}P\left(N(t_1)=l, N(t_2)=m\right)\end{aligned}\quad(6.17)$$

其中，第二个等号成立是因为 $\tau_{i,j}\equiv 0$ 若 $i=0$ 或 $j<2$。当元件寿命独立同分布时，有

$$\begin{aligned}P\left(T_1 \leqslant t_1, T_2 \leqslant t_2\right)=&\sum_{l=1}^{n}\sum_{m=\max(2,l)}^{n}\tau_{l,m}\binom{n}{l,m-l}\\&F^{l}(t_1)\left(F(t_2)-F(t_1)\right)^{m-l}\bar{F}^{n-m}(t_2)\end{aligned}\quad(6.18)$$

类似于式（6.5）和式（6.9）中系统可靠性和寿命分布函数分别基于生存签名和累积签名的表达，式（6.15）和式（6.17）分别建立了它们基于路集和割集的表达。事实上，分别对照式（6.6）和式（6.16），式（6.10）和式（6.18）可以发现，系统可靠性（寿命分布函数）基于生存（累积）签名和路集（割集）的表达式是等价的，即定理 6.4 所述。

定理 6.4 （1）对任意的 $0\leqslant i\leqslant j\leqslant n-1$，$\bar{S}_{i,j}=\rho_{n-i,n-j}$；

（2）对任意的 $1\leqslant i\leqslant j\leqslant n$，$S_{i,j}=\tau_{i,j}$。

6.2 独立模块系统的二元签名

本节主要考虑具有独立模块的三状态系统的签名计算问题，包括广义串联、广义并联、元件冗余系统以及一个重要的三状态系统类。与第 4 章类似，拟建立这些独立模块系统签名基于模块签名的计算方法，这里所使用的主要技术手段来自定理 6.4。

6.2.1 广义串联和并联

考虑两个满足正则假设的三状态系统，结构函数分别记作

$$\phi_1:\{0,1\}^{n_1} \to \{0,1,2\}$$

$$\phi_2:\{0,1\}^{n_2} \to \{0,1,2\}$$

其中，n_1，n_2 分别为两个系统的元件个数。记 $n = n_1 + n_2$，$\psi_S:\{0,1\}^n \to \{0,1,2\}$ 和 $\psi_P:\{0,1\}^n \to \{0,1,2\}$ 分别为这两个子系统（模块）构成的串联系统和并联系统的结构，则

$$\psi_S(x_1,x_2,\cdots,x_{n_1};\ y_1,y_2,\cdots,y_{n_2}) = \min(\phi_1(x_1,x_2,\cdots,x_{n_1}),\phi_2(y_1,y_2,\cdots,y_{n_2}))$$

$$\psi_P(x_1,x_2,\cdots,x_{n_1};\ y_1,y_2,\cdots,y_{n_2}) = \max(\phi_1(x_1,x_2,\cdots,x_{n_1}),\phi_2(y_1,y_2,\cdots,y_{n_2}))$$

上述串联和并联系统也都是满足正则假设的三状态系统。

记 $\overline{\boldsymbol{S}}(\phi_i)$，$\boldsymbol{S}(\phi_i)$ 分别为子系统 i 的生存签名和累积签名，$i=1,2$，$\overline{\boldsymbol{S}}(\psi_S)$ 为广义串联的生存签名，$\boldsymbol{S}(\psi_P)$ 为广义并联的累积签名。下面讨论如何通过子系统的签名去计算广义串联和并联系统的签名，并给出具体的计算公式。

定理 6.5 对任意的 $0 \leqslant i \leqslant j \leqslant n-1$，

$$\overline{S}_{i,j}(\psi_S) = \frac{d_{n-i,n-j}(\psi_S)}{\begin{pmatrix} n \\ i, j-i \end{pmatrix}}$$

其中，

$$d_{u,v}(\psi_S) = \sum_{l=\max(2,u-n_2)}^{\min(n_1,u)} \sum_{m=\max(1,v-u+l)}^{\min(l,v)} \begin{pmatrix} n_1 \\ l-m,m \end{pmatrix} \begin{pmatrix} n_2 \\ n_2-u+l,v-m \end{pmatrix} \overline{S}_{n_1-l,n_1-m}(\phi_1)\overline{S}_{n_2-u+l,n_2-v+m}(\phi_2)$$

证明 固定 u 和 v。对任意的串联系统的 (u,v) 阶路集对 (Q,P)，Q 中包含的模块 i 中的元件构成了模块 i 的一个完美路集，而 P 中包含的模块 i 中的元件构成了模块 i 的一个路集，而且后者是前者的子集，i=1,2。若记 l_i 为 Q 中包含的模块 i 中的元件个数，m_i 为 P 中包含的模块 i 中的元件个数，$i=1,2$，则 $m_1 \leqslant l_1$，$m_2 \leqslant l_2$，

$$l_1 + l_2 = u,\quad m_1 + m_2 = v$$

则串联系统的(u,v)阶路集对的数目

$$d_{u,v}\left(\psi_S\right)=\sum_{l=\max(2,u-n_2)}^{\min(n_1,u)}\sum_{m=\max(1,v-u+l)}^{\min(l,v)}d_{l,m}\left(\phi_1\right)d_{u-l,v-m}\left(\phi_2\right)$$

根据定理 6.4 和式（6.12），

$$d_{l,m}\left(\phi_1\right)=\binom{n_1}{l-m,m}\bar{S}_{n_1-l,n_1-m}\left(\phi_1\right)$$

$$d_{u-l,v-m}\left(\phi_2\right)=\binom{n_2}{n_2-u+l,v-m}\bar{S}_{n_2-u+l,n_2-v+m}\left(\phi_2\right)$$

直接代入上式定理即可得到。

定理 6.6　对任意的$1\leqslant i\leqslant j\leqslant n$，

$$S_{i,j}\left(\psi_P\right)=\frac{f_{i,j}\left(\psi_P\right)}{\binom{n}{i,j-i}}$$

其中，

$$f_{u,v}\left(\psi_P\right)=\sum_{m=\max(2,u-n_2)}^{\min(n_1,v)}\sum_{l=\max(1,u-v+m)}^{\min(m,u)}\binom{n_1}{l,m-l}\binom{n_1}{u-l,v-m-u+l}$$
$$S_{l,m}\left(\phi_1\right)S_{u-l,v-m}\left(\phi_2\right)$$

证明　对于固定u和v，任意的并联系统的(u,v)阶割集对(U,V)，U中包含的模块i中的元件构成了模块i的一个割集，而V中包含的模块i中的元件构成了模块i的一个完全割集，而且前者是后者的子集，i=1,2。若记l_i为U中包含的模块i中的元件个数，m_i为V中包含的模块i中的元件个数，$i=1,2$，则$m_1\geqslant l_1$，$m_2\geqslant l_2$，

$$l_1+l_2=u,\quad m_1+m_2=v$$

则并联系统的(u,v)阶割集对的数目

$$f_{u,v}\left(\psi_P\right)=\sum_{m=\max(2,u-n_2)}^{\min(n_1,v)}\sum_{l=\max(1,u-v+m)}^{\min(m,u)}f_{l,m}\left(\phi_1\right)f_{u-l,v-m}\left(\phi_2\right)$$

根据定理 6.4 和式（6.13），有

$$f_{l,m}\left(\phi_1\right)=\binom{n_1}{l,m-l}S_{l,m}\left(\phi_1\right)$$

$$f_{u-l,v-m}(\phi_2)=\binom{n_1}{u-l,v-m-u+l}S_{u-l,v-m}(\phi_2)$$

将二者代入上式，定理得证。

6.2.2　冗余系统

在可靠性工程中，冗余是一种常见的提升系统可靠性的方法。一般来说，有两种冗余方式，一种是系统层面的冗余，另一种是元件层面的冗余。对一个 n 元件的系统，假设可以通过配置与原系统元件同类型的 n 个元件（备件）来提升系统的可靠性。系统层面的冗余是指用这 n 个备件构成一个与原系统结构相同的新系统，然后将新旧两个系统并联起来，而元件层面的冗余是指将 n 个备件分别与对应的原系统元件并联起来。一个非常基本的结论是元件层面的冗余要优于系统层面的冗余。对于冗余系统更详细的介绍，可参考 Barlow 和 Proschan（1981）以及 El-Neweihi 等（1978b）的相关研究。

不论是系统层面还是元件层面的冗余，一般来说，签名的计算都比较困难，因为冗余系统所包含的元件数目通常较多。由于冗余系统与原系统在结构上的紧密关系，一个自然的问题是是否可以通过原系统的签名来计算冗余系统的签名？在传统的二状态系统框架下，Da 等（2012）首次考虑了这一问题并给出了冗余系统签名基于原系统签名的表达式。本小节在三状态系统框架下讨论这一问题。由于系统层面冗余只是前面所讨论的广义并联的特殊情形，因此接下来只考虑元件层面冗余系统的情形。

对于一个结构为 ϕ 的 n 元件三状态系统，它的元件层面冗余系统的结构函数为

$$\begin{aligned}&\psi_R(x_1,x_2,\cdots,x_n;\ y_1,y_2,\cdots,y_n)\\&=\phi(\max(x_1,y_1),\max(x_2,y_2),\cdots,\max(x_n,y_n))\end{aligned}$$

记 ϕ，ψ_R 对应的生存签名为 $\overline{\boldsymbol{S}}(\phi)$，$\overline{\boldsymbol{S}}(\psi_R)$，下面的定理给出了后者基于前者的表达式。

定理 6.7　对任意的 $0\leqslant i\leqslant j\leqslant 2n-1$，有

$$\overline{S}_{i,j}(\psi_R)=\frac{d_{2n-i,2n-j}(\psi_R)}{\binom{2n}{i,j-i}}$$

其中

$$d_{u,v}(\psi_R)=\sum_{l=l_0}^{\min(u,n)}\sum_{m=m_0}^{\min(l,v)}\sum_{k=k_0}^{k_1}\binom{n}{l-m,m}\binom{2m-v}{k}$$
$$c(v,m)c(u-v-k,l-m)\overline{S}_{n-l,n-m}(\phi)$$
$$l_0=\left\lfloor\frac{u-1}{2}\right\rfloor+1$$
$$m_0=\min\left(v-u+l,\left\lfloor\frac{v-1}{2}\right\rfloor+1\right)$$
$$k_0=u-v-2(l-m)$$
$$k_1=\min(2m-v,u-v-l+m)$$
$$c(a,b)=2^{2b-a}\binom{b}{a-b}$$

$\lfloor x\rfloor$表示不超过 x 的最大整数。

证明　将冗余系统看作一个模块系统，其中模块是两个元件构成的二状态的并联系统，原系统的结构函数 ϕ 是模块系统的组织结构。对于任意一个冗余系统的 (u,v) 阶路集对 (Q,P)，存在唯一的 (l,m) 满足

$$l\in\left\{\left\lfloor\frac{u-1}{2}\right\rfloor+1,\cdots,\min(u,n)\right\}$$
$$m\in\left\{\max\left(v-u+l,\left\lfloor\frac{v-1}{2}\right\rfloor+1\right),\cdots,\min(l,v)\right\}$$

以及

（1）Q 中的元件来自 l 个不同的模块，这 l 个不同模块中的原系统元件（或者模块位置）构成了原系统的一个 l 阶完美路集。

（2）P 中的元件来自 m 个不同的模块，这 m 个不同模块中的原系统元件（或者模块位置）构成了原系统的一个 m 阶路集。

（3）上述的 m 阶路集是 l 阶完美路集的子集，并且 $m\geqslant v-u+l$ 以确保 v 个元件可以来自 m 个不同的模块。

记 $W_{l,m:u,v}$ 为所有满足（1）~（3）的 (u,v) 阶路集对 (Q,P) 集合，则所有 (u,v) 阶路集对 (Q,P) 集合为

$$\bigcup_{l=l_0}^{\min(u,n)} \bigcap_{m=m_0}^{\min(l,v)} W_{l,m:u,v}$$

对不同的(l,m)，$W_{l,m:u,v}$不交，则冗余系统(u,v)阶路集对数目

$$d_{u,v}(\psi_R)=\sum_{l=l_0}^{\min(u,n)} \sum_{m=m_0}^{\min(l,v)} \left|W_{l,m:u,v}\right|$$

进一步，对给定的(l,m)，$\left|W_{l,m:u,v}\right|$可以表示为

$$\left|W_{l,m:u,v}\right| = N_{l,m:u,v} \cdot d_{l,m}(\phi)$$

其中，$d_{l,m}(\phi)$表示原系统(l,m)阶路集对的数目，$N_{l,m:u,v}$表示固定（1）~（3）中原系统(l,m)阶路集对时，满足（1）~（3）的冗余系统的(u,v)阶路集对(Q,P)的数目。下面计算$N_{l,m;u,v}$。

对于$N_{l,m;u,v}$，可基于如下选择方法获得：第一步，从给定的m个不同的模块中选择v个元件作为Q并确保每个模块中至少有一个元件被选中；第二步，从剩余的$l-m$个模块中选择$u-v$个元件作为$Q\setminus P$，并确保$l-m$个模块每个模块至少有一个元件被选中。从b个不同的模块中选择a个元件$(b \leqslant a \leqslant 2b)$并保证每个模块至少有一个元件被选中的选法为

$$c(a,b)=2^{2b-a}\binom{b}{a-b}$$

式中的组合数是计算哪些模块的两个元件都被选中，而2^{2b-a}计算剩余的$2b-a$个模块中每个模块恰有一个元件被选中的选法。因此，第一步从m个模块中选择v个元件的选法为$c(v,m)$，而第二步考虑从给定的 m 个不同的模块中选择的元件个数，记为k，为保证第二步选择能够成功实现，k应有范围$k_0 \leqslant k \leqslant k_1$。对于给定的$k$，不同的$k$个元件的选法为

$$\binom{2m-v}{k}$$

从$l-m$个剩余的模块中选取$u-v-k$个元件的不同选法为$c(u-v-k,l-m)$，则得到

$$N_{l,m;u,v}=c(v,m)\sum_{k=k_0}^{k_1}\binom{2m-v}{k}c(u-v-k,l-m)$$

由式（6.12）和定理6.4（1）可得定理结果。

6.2.3　可加模型

本节介绍一类较为特殊的三状态系统模型并计算这类系统的签名。记

$$\phi_1:\{0,1\}^{n_1}\to\{0,1\} \text{ 和 } \phi_2:\{0,1\}^{n_2}\to\{0,1\}$$

分别为两个二状态系统的结构函数，并且这两个系统之间没有公共元件。考虑 $n=n_1+n_2$ 元件三状态系统，其结构函数为

$$\psi\left(x_1,x_2,\cdots,x_{n_1};\ y_1,y_2,\cdots,y_{n_2}\right)=\phi_1\left(x_1,x_2,\cdots,x_{n_1}\right)+\phi_2\left(y_1,y_2,\cdots,y_{n_2}\right)$$

显然，这个三状态系统满足正则假设。

记 $\overline{\boldsymbol{S}}(\phi_1)$ 和 $\overline{\boldsymbol{S}}(\phi_2)$ 分别为系统 ϕ_1 和 ϕ_2 的生存签名，$\overline{\boldsymbol{S}}(\psi)$ 为系统 ψ 的生存签名。问题是给定系统 ϕ_1 和 ϕ_2 的签名时如何计算系统 ψ 的二元签名，即建立 $\overline{\boldsymbol{S}}(\psi)$ 基于 $\overline{\boldsymbol{S}}(\phi_1)$ 和 $\overline{\boldsymbol{S}}(\phi_2)$ 的表达式。

在给出主要结果之前，先引入一些记号。对于结构为 ϕ 的二状态系统，记 $r_i(\phi)$ 为系统的 i 阶路集数目，$r_{l,\bar{m}}(\phi)$ 为元件集合对 (U_1,U_2) 的数目，其中 (U_1,U_2) 满足：U_1 是系统的 l 阶路集，$U_2\subset U_1$，$|U_2|=m$ 但 U_2 不是系统的路集。

引理 6.1　对任意的 n 元件二状态系统结构 ϕ，记 $\overline{\boldsymbol{S}}(\phi)$ 为它的生存签名。则对任意的 $1\leqslant m\leqslant l\leqslant n$，有下式成立

$$r_{l,\bar{m}}(\phi)=\binom{n}{l-m,m}\left(\overline{S}_{n-l}-\overline{S}_{n-m}\right)$$

证明　记 $r_{l,m}(\phi)$ 为元件集合对 (U_1,U_2) 的数目，其中 U_1 是系统的 l 阶路集，U_2 是系统的 m 阶路集且 $U_2\subset U_1$，则

$$r_{l,m}(\phi)=r_m(\phi)\binom{n-m}{l-m}$$

由于

$$r_{l,m}(\phi)+r_{l,\bar{m}}(\phi)=r_l(\phi)\binom{l}{m}$$

则

$$r_{l,\bar{m}}(\phi)=r_l(\phi)\binom{l}{m}-r_m(\phi)\binom{n-m}{l-m}$$

由式（2.13），即可得到引理结果。

定理 6.8 对任意的$0 \leqslant i \leqslant j \leqslant n-1$，有下式成立

$$\bar{S}_{i,j}(\psi)=\frac{d_{n-i,n-j}(\psi)}{\binom{n}{i,j-i}}$$

其中

$$\begin{aligned}d_{u,v}(\psi)=&\sum_{l=1}^{\min(n_1,u)}\sum_{m=\max(0,v-u+l)}^{\min(l,v)}\binom{n_1}{l-m,m}\binom{n_2}{u-l-v+m,v-m}\\&\times\left(\bar{S}_{n_1-m}(\phi_1)-\bar{S}_{n_1-l}(\phi_1)\right)\left(\bar{S}_{n_2-u+l}(\phi_2)-\bar{S}_{n_2-u+m}(\phi_2)\right)\\&+\sum_{l=1}^{\min(n_1,u)}\binom{u}{v}\binom{n_1}{l}\binom{n_2}{u-l}\bar{S}_{n_1-l}(\phi_1)\bar{S}_{n_2-u+l}(\phi_2)\end{aligned}$$

证明 对于给定的u和v，容易得到系统ψ的(u,v)路集对数目

$$d_{u,v}(\psi)=|\mathcal{Q}_u|\binom{u}{v}-d_{u,\bar{v}}(\psi)$$

其中，$d_{u,\bar{v}}(\psi)$表示子集对(Q,P)的数目，其中$Q\in\mathcal{Q}_u$，$P\notin\mathcal{P}_v$，$|P|=v$且$P\subset Q$。对这样的子集对(Q,P)，记Q_1和Q_2（P_1和P_2）分别为系统ϕ_1和ϕ_2在$Q(P)$中的元件，由ψ的结构可知，Q_1和Q_2分别为系统ϕ_1和ϕ_2的路集，而P_1和P_2皆不是对应系统的路集。因此，

$$d_{u,\bar{v}}(\psi)=\sum_{l=1}^{\min(n_1,u)}\sum_{m=\max(0,v-u+l)}^{\min(l,v)}r_{l,\bar{m}}(\phi_1)r_{u-l,\overline{v-m}}(\phi_2)$$

另外，

$$|\mathcal{Q}_u|=\sum_{l=1}^{\min(n_1,u)}r_l(\phi_1)r_{u-l}(\phi_2)$$

由定理 6.4（1），引理 6.1 以及式（2.13）可得定理结果。

注 6.1 对于二状态系统签名，已知结构不同的二状态系统可能具有相同的签名（Navarro and Rubio，2010）。那么对于三状态系统，是否也有相同的结论？答案是肯定的。因为定理 6.8 说明，经两个独立的二状态系统求和产生的三状态系统，它的二元签名由二状态系统的签名完全决定。因此，基于同签名但不同结构的二状态系统很容易构造出签名相同但结构不同的三状态系统，见例 6.3。

6.3 数值例子

本节将为 6.2 节所考虑的模型和所获计算公式提供一些数值例子。所使用的符号与 6.2 节一致。

例 6.1 考虑两个三状态的系统，结构函数分别为

$$\phi_1(x_1,x_2,x_3,x_4)=\max\left(\left(x_1+\max(x_2,x_3)+x_4-1\right),0\right)$$

$$\phi_2(x_1,x_2,x_3,x_4)=\max\left(\left(x_1+\min(x_2,x_3)+x_4-1\right),0\right)$$

由 Gertsbakh 等（2012）的研究知，这两个系统对应的生存签名为

$$\bar{\boldsymbol{S}}(\phi_1)=\begin{pmatrix}1 & 1 & \frac{5}{6} & 0\\ \frac{1}{2} & \frac{1}{2} & \frac{1}{2} & 0\\ 0 & 0 & 0 & 0\\ 0 & 0 & 0 & 0\end{pmatrix},\quad \bar{\boldsymbol{S}}(\phi_2)=\begin{pmatrix}1 & 1 & \frac{1}{3} & 0\\ 0 & 0 & 0 & 0\\ 0 & 0 & 0 & 0\\ 0 & 0 & 0 & 0\end{pmatrix}$$

根据定理 6.5 和定理 6.6 可分别计算这两个系统的广义串联及并联的生存签名与累积签名

$$\bar{\boldsymbol{S}}(\psi_S)=\begin{pmatrix}1 & 1 & \frac{23}{28} & \frac{1}{2} & \frac{1}{7} & 0 & 0 & 0\\ \frac{1}{4} & \frac{1}{4} & \frac{1}{4} & \frac{1}{6} & \frac{3}{70} & 0 & 0 & 0\\ 0 & 0 & 0 & 0 & 0 & 0 & 0 & 0\\ 0 & 0 & 0 & 0 & 0 & 0 & 0 & 0\\ 0 & 0 & 0 & 0 & 0 & 0 & 0 & 0\\ 0 & 0 & 0 & 0 & 0 & 0 & 0 & 0\\ 0 & 0 & 0 & 0 & 0 & 0 & 0 & 0\\ 0 & 0 & 0 & 0 & 0 & 0 & 0 & 0\end{pmatrix}$$

$$
S(\psi_P)=\begin{pmatrix}
0 & 0 & 0 & 0 & 0 & 0 & 0 & 0 \\
0 & 0 & 0 & \frac{4}{105} & \frac{9}{70} & \frac{8}{35} & \frac{2}{7} & \frac{2}{7} \\
0 & 0 & 0 & \frac{2}{35} & \frac{39}{140} & \frac{18}{35} & \frac{9}{14} & \frac{9}{14} \\
0 & 0 & 0 & \frac{2}{35} & \frac{5}{14} & \frac{2}{3} & \frac{6}{7} & \frac{6}{7} \\
0 & 0 & 0 & \frac{2}{35} & \frac{5}{14} & \frac{3}{4} & \frac{27}{28} & \frac{27}{28} \\
0 & 0 & 0 & \frac{2}{35} & \frac{5}{14} & \frac{3}{4} & 1 & 1 \\
0 & 0 & 0 & \frac{2}{35} & \frac{5}{14} & \frac{3}{4} & 1 & 1 \\
0 & 0 & 0 & \frac{2}{35} & \frac{5}{14} & \frac{3}{4} & 1 & 1
\end{pmatrix}
$$

对应的二元签名为

$$
s(\psi_S)=\begin{pmatrix}
0 & \frac{5}{28} & \frac{5}{21} & \frac{7}{30} & \frac{1}{10} & 0 & 0 & 0 \\
0 & 0 & \frac{1}{12} & \frac{13}{105} & \frac{3}{70} & 0 & 0 & 0 \\
0 & 0 & 0 & 0 & 0 & 0 & 0 & 0 \\
0 & 0 & 0 & 0 & 0 & 0 & 0 & 0 \\
0 & 0 & 0 & 0 & 0 & 0 & 0 & 0 \\
0 & 0 & 0 & 0 & 0 & 0 & 0 & 0 \\
0 & 0 & 0 & 0 & 0 & 0 & 0 & 0 \\
0 & 0 & 0 & 0 & 0 & 0 & 0 & 0
\end{pmatrix}
$$

$$
\boldsymbol{s}(\psi_P)=\begin{pmatrix}
0 & 0 & 0 & 0 & 0 & 0 & 0 & 0\\
0 & 0 & 0 & \frac{4}{105} & \frac{19}{210} & \frac{1}{10} & \frac{2}{35} & 0\\
0 & 0 & 0 & \frac{2}{105} & \frac{11}{84} & \frac{19}{140} & \frac{1}{14} & 0\\
0 & 0 & 0 & 0 & \frac{11}{140} & \frac{37}{420} & \frac{1}{21} & 0\\
0 & 0 & 0 & 0 & 0 & \frac{29}{420} & \frac{4}{105} & 0\\
0 & 0 & 0 & 0 & 0 & 0 & \frac{1}{28} & 0\\
0 & 0 & 0 & 0 & 0 & 0 & 0 & 0\\
0 & 0 & 0 & 0 & 0 & 0 & 0 & 0
\end{pmatrix}
$$

例 6.2　考虑如图 6.1 所示的四个结点 $\{a,b,c,d\}$ 和五条边 $\{1,2,3,4,5\}$ 的桥网络。假定网络的结点完全可靠而边可能失效，任意边的失效导致所连结点基于该边的连接断开。系统（网络）的完美状态（状态 2）定义为四个结点相互连通，部分工作状态（状态 1）定义为网络具有两个连通分支，而当连通分支超过两个时，定义为网络处于完全失效状态（状态 0）。例如，边 1，2 失效后，导致网络具有两个连通分支 $\{a\}$ 与 $\{b,c,d\}$，此时网络处于状态 1，如边 4，5 再失效，导致网络具有三个连通分支 $\{a\},\{b,c\},\{d\}$，此时网络处于状态 0。

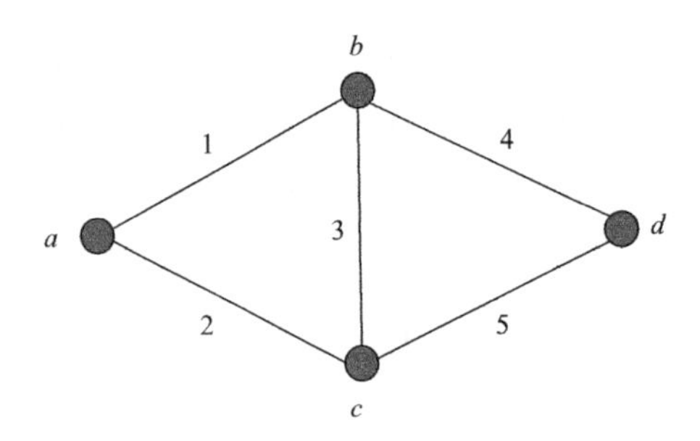

图 6.1　四个结点五条边的桥网络

本例以上述桥系统作为原系统，计算它的冗余系统的二元签名。Gertsbakh 等（2012）计算了这一桥网络的二元生存签名

$$\bar{\boldsymbol{S}}(\phi)=\begin{pmatrix}1&1&1&1&0\\1&1&1&1&0\\\frac{4}{5}&\frac{4}{5}&\frac{4}{5}&\frac{4}{5}&0\\0&0&0&0&0\\0&0&0&0&0\end{pmatrix}$$

根据定理 6.7，可计算桥系统的冗余系统的二元生存签名为

$$\bar{\boldsymbol{S}}(\psi_R)=\begin{pmatrix}1&1&1&1&1&1&1&1&\frac{8}{9}&0\\1&1&1&1&1&1&1&1&\frac{8}{9}&0\\1&1&1&1&1&1&1&1&\frac{8}{9}&0\\1&1&1&1&1&1&1&1&\frac{8}{9}&0\\\frac{104}{105}&\frac{104}{105}&\frac{104}{105}&\frac{104}{105}&\frac{104}{105}&\frac{104}{105}&\frac{104}{105}&\frac{104}{105}&\frac{1388}{1575}&0\\\frac{20}{21}&\frac{20}{21}&\frac{20}{21}&\frac{20}{21}&\frac{20}{21}&\frac{20}{21}&\frac{20}{21}&\frac{8}{315}&\frac{268}{315}&0\\\frac{88}{105}&\frac{88}{105}&\frac{88}{105}&\frac{88}{105}&\frac{88}{105}&\frac{88}{105}&\frac{88}{105}&\frac{88}{105}&\frac{16}{21}&0\\\frac{8}{15}&\frac{8}{15}&\frac{8}{15}&\frac{8}{15}&\frac{8}{15}&\frac{8}{15}&\frac{8}{15}&\frac{8}{15}&\frac{8}{15}&0\\0&0&0&0&0&0&0&0&0&0\\0&0&0&0&0&0&0&0&0&0\end{pmatrix}$$

对应的二元签名为

$$
\boldsymbol{s}(\psi_R)=\begin{pmatrix}
0&0&0&0&0&0&0&0&0&0\\
0&0&0&0&0&0&0&0&0&0\\
0&0&0&0&0&0&0&0&0&0\\
0&0&0&0&0&0&0&\frac{1}{525}&\frac{4}{525}&0\\
0&0&0&0&0&0&0&\frac{4}{525}&\frac{16}{525}&0\\
0&0&0&0&0&0&0&\frac{8}{315}&\frac{4}{45}&0\\
0&0&0&0&0&0&0&\frac{8}{105}&\frac{8}{35}&0\\
0&0&0&0&0&0&0&0&\frac{8}{15}&0\\
0&0&0&0&0&0&0&0&0&0\\
0&0&0&0&0&0&0&0&0&0
\end{pmatrix}
$$

最后，构造注 6.1 提及的同签名但结构不同的三状态系统。

例 6.3 记ϕ_0，ϕ_1和ϕ_2为三个二状态系统的结构函数，

$$\phi_0(x_1,x_2,x_3)=\min\left(x_1,\max(x_2,x_3)\right)$$

$$\phi_1(x_1,x_2,x_3,x_4)=\min\left(\max(x_1,x_2),\max(x_2,x_4),\max(x_3,x_4)\right)$$

$$\phi_2(x_1,x_2,x_3,x_4)=\min\left(\max(x_1,x_2),\max(x_1,x_3),\max(x_1,x_4),\max(x_2,x_3,x_4)\right)$$

考虑以下两个三状态系统，结构函数分别为

$$\psi_1(x_1,x_2,\cdots,x_7)=\phi_0(x_1,x_2,x_3)+\phi_1(x_4,x_5,x_6,x_7)$$

$$\psi_2(x_1,x_2,\cdots,x_7)=\phi_0(x_1,x_2,x_3)+\phi_2(x_4,x_5,x_6,x_7)$$

根据 2.2.1 节可知，系统ϕ_0的签名为$\left(\frac{1}{3},\frac{2}{3},0\right)$，由 Shaked 和 Suarez-Llorens（2003）知，系统ϕ_1和ϕ_2具有相同的签名$\left(0,\frac{1}{2},\frac{1}{2},0\right)$。根据定理 6.8，可以计算出$\psi_1$和$\psi_2$的二元签名为

$$
s(\psi_1)=s(\psi_2)=\begin{pmatrix}
0 & 0 & \frac{1}{35} & \frac{3}{70} & \frac{3}{70} & \frac{1}{35} & 0\\
0 & 0 & \frac{2}{35} & \frac{1}{10} & \frac{11}{105} & \frac{1}{14} & 0\\
0 & 0 & 0 & \frac{1}{7} & \frac{9}{70} & \frac{17}{210} & 0\\
0 & 0 & 0 & 0 & \frac{4}{35} & \frac{2}{35} & 0\\
0 & 0 & 0 & 0 & 0 & 0 & 0\\
0 & 0 & 0 & 0 & 0 & 0 & 0\\
0 & 0 & 0 & 0 & 0 & 0 & 0
\end{pmatrix}
$$

ψ_1和ψ_2是完全不同的两个系统，但二者具有相同的二元签名。

6.4 本章小结

本章主要介绍了二状态元件构成的三状态系统的二元签名概念、性质及计算问题。6.1节介绍了二元签名、生存签名、累积签名的概念，建立了系统联合寿命可靠性基于签名的混合表示（定理6.1和定理6.2），讨论了系统与对偶系统二元签名的关系（定理6.3）以及签名基于割集和路集的表示（定理6.4）；6.2节讨论了独立模块系统的二元签名计算问题，分别在广义串联、并联、冗余系统以及可加系统模型下给出了模块系统基于子系统签名的计算公式（定理6.5~定理6.8），一些数值计算例子在6.3节给出。有关二元签名的更多讨论，可参考Levitin等(2011)，Gertsbakh等（2012），Da和Hu（2013）以及Marichal等（2017）的相关研究。

第 7 章　多类型系统生存签名

前面考虑的系统签名都是在齐次系统的框架下，也就是元件寿命可交换或独立同分布，当系统非齐次时，传统的或者经典的签名理论不再适用。因此，将签名的概念和理论扩展到非齐次系统框架下非常必要。Coolen 和 Coolen-Maturi（2013）将签名的概念扩展到了一类重要的非齐次系统模型——多类型系统框架下。与经典的系统签名一样，多类型系统生存签名也能够充分反映系统的结构信息，并建立易于分析和使用的系统寿命可靠性表达。当前，系统生存签名已广泛应用于系统的可靠性计算、随机比较以及统计推断等研究中。本章主要介绍多类型系统的生存签名及其在随机比较中的应用。

7.1　多类型系统生存签名的定义

考虑一个 n 元件 r 类型系统，它由 $r\left(r\geqslant 1\right)$ 种不同类型的独立元件组成，其中第 k 种类型的元件有 $m_k\geqslant 1$ 个，$\sum\limits_{k=1}^{r}m_k=n$。假定所有元件寿命无结点，并且同类型元件其寿命可交换，而不同类型的元件之间彼此独立。记第 k 种类型的元件具有共同的寿命分布函数 $F_k\left(t\right)$ 和生存函数 $\overline{F}_k\left(t\right)$，$k=1,2,\cdots,r$，系统的寿命记为 T。

定义 7.1　考虑上述的 n 元件 r 类型系统，它的生存签名定义为如下函数：

$$\overline{S}\left(i_1,i_2,\cdots,i_r\right)=P\left(T>t|t\text{时刻第}k\text{种类型的元件恰有}i_k\text{个正常工作},k\in\left[r\right]\right)$$

其中，$0\leqslant i_j\leqslant m_j$，$j\in\left[r\right]$。

具体地，令集合

$$V=\left\{\left(i_1,i_2,\cdots,i_r\right):0\leqslant i_j\leqslant m_j,j\in[r]\right\}$$

其元素 $\left(i_1,i_2,\cdots,i_r\right)$ 称为系统的一个元件计数状态，它表示当前时刻 k 型元件中恰好有 i_k 个正常工作，$k=1,2,\cdots,r$，$\sum_{i=1}^{r} i_r$ 称为该元件计数状态的阶数。则系统生存签名定义为集合 V 到 $[0,1]$ 区间上的 r 元函数

$$\bar{S}\left(i_1,i_2,\cdots,i_r\right):V\mapsto[0,1]$$

特别地，当 $r=1$ 时，构成系统的元件寿命可交换，$\bar{S}\left(i_1,i_2,\cdots,i_r\right)$ 退化为 $\bar{S}(i)$，表示 n 个元件中恰好有 i 个正常工作时系统工作的概率，对应着经典生存签名 $\bar{S}_{n-i}$，$i=1,2,\cdots,n$。事实上，从定义 7.1 容易看到，多类型系统生存签名是经典生存签名的直接推广。

令 $\Omega\left(i_1,i_2,\cdots,i_r\right)$ 表示元件组合的集合，其中每一个组合均包含 i_k 个 k 型元件，$k=1,2,\cdots,r$。$\Omega\left(i_1,i_2,\cdots,i_r\right)$ 包含的元素总量有

$$\left|\Omega\left(i_1,i_2,\cdots,i_r\right)\right|=\prod_{k=1}^{r}\binom{m_k}{i_k}$$

不难看出，给定一个工作元件的组合时，系统工作完全由系统的结构函数决定，是一个确定性的事件。根据元件寿命的假定（同类型可交换，不同类型独立），给定事件“第 k 种类型的元件恰有 i_k 个正常工作，$k\in[r]$”，系统工作的概率可通过如下公式计算得到

$$\bar{S}\left(i_1,i_2,\cdots,i_m\right)=\frac{\#\left\{\Omega\left(i_1,i_2,\cdots,i_r\right)\text{中使系统工作的元件组合}\right\}}{\prod_{k=1}^{r}\binom{m_k}{i_k}} \tag{7.1}$$

式（7.1）可以看作多类型生存签名的 Boland 公式。基于上述讨论，容易得到以下有关系统生存签名的性质。

性质 7.1

（1）生存签名仅与系统结构有关，与元件寿命的分布函数无关；

（2）$\bar{S}(0,0,\cdots,0)=0$，$\bar{S}\left(m_1,m_2,\cdots,m_r\right)=1$；

（3）系统签名 $\bar{S}\left(i_1,i_2,\cdots,i_r\right)$ 关于分量 $0\leqslant i_k\leqslant m_k$ 单调递增，$k\in[r]$；

（4）运用系统生存签名，系统寿命的生存函数可表示如下：

$$P(T>t)=\sum_{i_1=0}^{m_1}\cdots\sum_{i_m=0}^{m_r}\overline{S}(i_1,i_2,\cdots,i_r)$$
$$\cdot P(\text{第}k\text{种类型的元件恰有}i_k\text{个正常工作，}k\in[r])$$

特别地，当同类型元件寿命独立同分布时，下式成立

$$P(T>t)=\sum_{i_1=0}^{m_1}\sum_{i_2=0}^{m_2}\cdots\sum_{i_m=0}^{m_r}\overline{S}(i_1,i_2,\cdots,i_r)\prod_{k=1}^{r}\binom{m_k}{i_k}F_k^{m_k-i_k}(t)\overline{F}_k^{m_k-i_k}(t) \quad (7.2)$$

7.2　相同元件配置的系统可靠性比较

第 2 章介绍了经典签名的随机序封闭性定理。本节讨论基于生存签名的 r 类型系统随机比较问题，特别地，考虑系统元件配置相同的情形。

7.2.1　模型

考虑两个配置相同的 r 类型系统，即二者不仅由相同类型的元件组成，且每种类型的元件数量和分布也完全相同。记 $\overline{S}_1$ 和 $\overline{S}_2$ 分别表示它们的生存签名，T_1 和 T_2 表示它们的寿命。根据性质 7.1（4），容易看出

$$\text{对所有的}(i_1,i_2,\cdots,i_r)\in V,\ \overline{S}_1(i_1,i_2,\cdots,i_r)\leqslant\overline{S}_2(i_1,i_2,\cdots,i_r)\Rightarrow T_1\leqslant_{\text{st}}T_2 \quad (7.3)$$

显然，条件 $\overline{S}_1\leqslant\overline{S}_2$ 为随机比较两个非齐次系统提供了一个简单直接的方法。然而，需要指出的是，该条件在具体使用中存在较强的限制，如例 7.1 所示。

例 7.1　考虑图 7.1 所示的二类型系统，它们均由三个 A 型元件和三个 B 型元件组成。表 7.1 和表 7.2 分别展示了系统 1 和系统 2 的生存签名，其中 i_1 表示 B 型元件的工作数量，i_2 表示 A 型元件的工作数量。

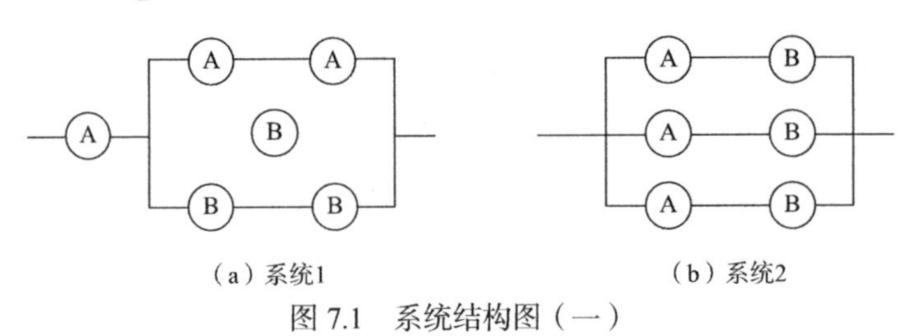

（a）系统1　　（b）系统2

图 7.1　系统结构图（一）

表 7.1　系统 1 的生存签名

$\overline{S}_1(i_1,i_2)$	$i_2=0$	$i_2=1$	$i_2=2$	$i_2=3$
$i_1=0$	0	0	0	1
$i_1=1$	0	0	0	1
$i_1=2$	0	1/9	4/9	1
$i_1=3$	0	1/3	2/3	1

表 7.2　系统 2 的生存签名

$\overline{S}_2(i_1,i_2)$	$i_2=0$	$i_2=1$	$i_2=2$	$i_2=3$
$i_1=0$	0	0	0	0
$i_1=1$	0	1/3	2/3	1
$i_1=2$	0	2/3	1	1
$i_1=3$	0	1	1	1

$\overline{S}_1(0,3)>\overline{S}_2(0,3)$和$\overline{S}_1(1,1)<\overline{S}_2(1,1)$，这表明系统 1 与系统 2 的生存签名之间并不存在一致的大小关系，故$\overline{S}_1\leqslant\overline{S}_2$或$\overline{S}_1\geqslant\overline{S}_2$不能用于处理这两个系统寿命的“随机大小”比较，但事实上，在合适的条件下，这两个系统间存在寿命的随机序关系，见例 7.2。

从例 7.1 看出，直接应用式（7.3）的随机比较方法适用范围有限。鉴于此，接下来介绍一个新的比较方法或者理论，拓展生存签名随机比较方法的应用范围。需要指出的是，这一新的方法主要针对同类型元件寿命独立同分布而不同类型元件寿命有序排列的情形。在给出主要结果之前，先介绍一个重要的概念“左尾占优序”。

定义 7.2　对于任意的两个 m 维实向量$\boldsymbol{x}=(x_1,x_2,\cdots,x_m)$和$\boldsymbol{y}=\{y_1,y_2,\cdots,y_m\}$。若对所有的$k\in[m]$，不等式

$$\sum_{i=1}^{k}x_i\geqslant\sum_{i=1}^{k}y_i$$

总是成立，则称向量$\boldsymbol{x}$以左尾占优序大于等于向量$\boldsymbol{y}$，简记为$\boldsymbol{x}\geqslant_{\text{ltd}}\boldsymbol{y}$。

在本章中，左尾占优序用来对元件计数状态进行排序。例如，考虑一个由 A、B、C 三种类型元件组成的 10 元件 3 类型系统。记$\boldsymbol{x}=(a,b,c)$为该系统的元件计数状态，其中a,b,c分别表示 A、B、C 三种类型元件正常工作的数量，则元件计

数状态 $\boldsymbol{x}_1=(3,4,1)$ 与 $\boldsymbol{x}_2=(1,5,2)$ 满足 $\boldsymbol{x}_1 \geqslant_{\text{ltd}} \boldsymbol{x}_2$。

对于任意的 $\ell \in [n]$，记

$$V_{\ell,\ \bar{S}}=\left\{\boldsymbol{\pi}_i^{\ell}=\left(\pi_{i,1}^{\ell},\pi_{i,2}^{\ell},\cdots,\pi_{i,r}^{\ell}\right)\in V:\bar{S}\left(\boldsymbol{\pi}_i^{\ell}\right)>0,\sum_{j=1}^{r}\pi_{i,j}^{\ell}=\ell,\right.$$
$$\left.0\leqslant \pi_{i,j}^{\ell}\leqslant m_j,\ j=1,2,\cdots,r\right\}$$

表示生存签名 $\bar{S}$ 取值大于 0 且生存元件总量恰好等于 ℓ 的所有元件计数状态的集合。

定义 7.3 对于固定的 $\ell \in [n]$，设 $\bar{\boldsymbol{S}}_1$ 和 $\bar{\boldsymbol{S}}_2$ 分别表示两个多类型系统的生存签名，$V_\ell=V_{\ell,\bar{S}_1}\bigcup V_{\ell,\bar{S}_2}$。若 V_ℓ 中的所有元素可按照左尾占优序排列，则称 V_ℓ 是正则的。

除非特别声明，下面对于正则的 V_ℓ，不失一般性，总是假定其元素以左尾占优序降序排序，即

$$\boldsymbol{\pi}_1^{\ell} \geqslant_{\text{ltd}} \boldsymbol{\pi}_2^{\ell} \geqslant_{\text{ltd}} \cdots \geqslant_{\text{ltd}} \boldsymbol{\pi}_{|V_\ell|}^{\ell}$$

另外，还要介绍一个重要的引理，证明见 Barlow 和 Proschan（1981）的相关研究。

引理 7.1 设 $W(x)$ 是一个勒贝格-斯蒂尔切斯（Lebesgue-Stieltjes）测度，若对于所有的 $t \in \mathbb{R}$，$\int_{-\infty}^{t}\mathrm{d}W(x)\geqslant 0$，则对于所有的非负单调递减函数 $h(x)$ 和任意的 $t \in \mathbb{R}$，有

$$\int_{-\infty}^{t}h(x)\mathrm{d}W(x)\geqslant 0$$

7.2.2 比较定理

下面给出本节的主要结果，它建立了一个更一般化的生存签名系统随机比较方法。

定理 7.1 考虑两个具有相同配置的 n 元件 r 类型系统，记类型 k 的元件数量为 $m_k \geqslant 0$，$k \in [r]$。令 T_i 和 $\bar{S}_i$ 分别表示系统 i 的寿命和生存签名，$i=1,2$。假设对任意的 $\ell \in [n]$，V_ℓ 均具有正则性。若同类型元件寿命独立同分布，不同类型元件寿命满足

$$F_1 \geqslant_{\text{st}} F_2 \geqslant_{\text{st}} \cdots \geqslant_{\text{st}} F_r$$

且对于任意的$\ell \in [n]$，

$$\sum_{i=1}^{j}\overline{S}_1\left(\boldsymbol{\pi}_i^{\ell}\right)\prod_{l=1}^{r}\binom{m_i}{\pi_{i,l}^{\ell}} \geqslant \sum_{i=1}^{j}\overline{S}_2\left(\boldsymbol{\pi}_i^{\ell}\right)\prod_{l=1}^{r}\binom{m_i}{\pi_{i,l}^{\ell}},\ j \in \left[\left|V_{\ell}\right|\right] \tag{7.4}$$

则$T_1 \geqslant_{\text{st}} T_2$。

证明　根据系统生存函数关于生存签名的混合分解式（7.2），可以得到

$$\begin{aligned}
P\left(T_1 > t\right) &= \sum_{\ell=1}^{n}\sum_{\boldsymbol{\pi}_i^{\ell}\in V_{\ell}}\overline{S}_1\left(\boldsymbol{\pi}_i^{\ell}\right)\prod_{j=1}^{r}\binom{m_j}{\pi_{i,j}^{\ell}}\left(\overline{F}_j(t)\right)^{\pi_{i,j}^{\ell}}\left(F_j(t)\right)^{m_j-\pi_{i,j}^{\ell}} \\
&= \left(\prod_{j=1}^{r}F_j^{m_j}(t)\right)\sum_{\ell=1}^{n}\sum_{\boldsymbol{\pi}_i^{\ell}\in V_{\ell}}\overline{S}_1\left(\boldsymbol{\pi}_i^{\ell}\right)\prod_{j=1}^{r}\binom{m_j}{\pi_{i,j}^{\ell}}\left(\frac{\overline{F}_j(t)}{F_j(t)}\right)^{\pi_{i,j}^{\ell}} \\
&= \left(\prod_{j=1}^{r}F_j^{m_j}(t)\right)\sum_{\ell=1}^{n}\sum_{i=1}^{\left|V_{\ell}\right|}\overline{S}_1\left(\boldsymbol{\pi}_i^{\ell}\right)\prod_{j=1}^{r}\binom{m_j}{\pi_{i,j}^{\ell}}\left(\frac{\overline{F}_j(t)}{F_j(t)}\right)^{\pi_{i,j}^{\ell}} \\
&= \left(\prod_{j=1}^{r}F_j^{m_j}(t)\right)\sum_{\ell=1}^{n}\sum_{i=1}^{\left|V_{\ell}\right|}\overline{S}_1\left(\boldsymbol{\pi}_i^{\ell}\right)\prod_{j=1}^{r}\binom{m_j}{\pi_{i,j}^{\ell}}g(i,\ell,t)
\end{aligned}$$

其中

$$g(i,\ell,t) = \prod_{j=1}^{r}\left(\frac{\overline{F}_j(t)}{F_j(t)}\right)^{\pi_{i,j}^{\ell}}$$

类似地，可以得到

$$P\left(T_2 > t\right) = \left(\prod_{j=1}^{r}F_j^{m_j}(t)\right)\sum_{\ell=1}^{n}\sum_{i=1}^{\left|V_{\ell}\right|}\overline{S}_2\left(\boldsymbol{\pi}_i^{\ell}\right)\prod_{j=1}^{r}\binom{m_j}{\pi_{i,j}^{\ell}}g(i,\ell,t)$$

对上述生存函数作差，得到

$$P\left(T_1 > t\right) - P\left(T_2 > t\right) = \left(\prod_{j=1}^{r}F_j^{m_j}(t)\right)\sum_{\ell=1}^{n}\sum_{i=1}^{\left|V_{\ell}\right|}\left(\overline{S}_1\left(\boldsymbol{\pi}_i^{\ell}\right) - \overline{S}_2\left(\boldsymbol{\pi}_i^{\ell}\right)\right)\prod_{j=1}^{r}\binom{m_j}{\pi_{i,j}^{\ell}}g(i,\ell,t)$$

由此可以看出，为证明上式非负，只需保证对于任意的$\ell \in [n]$和$t \geqslant 0$，不等式

$$\sum_{i=1}^{\left|V_{\ell}\right|}\left(\overline{S}_1\left(\boldsymbol{\pi}_i^{\ell}\right) - \overline{S}_2\left(\boldsymbol{\pi}_i^{\ell}\right)\right)\prod_{j=1}^{r}\binom{m_j}{\pi_{i,j}^{\ell}}g(i,\ell,t) \geqslant 0$$

成立。

由V_ℓ的正则性可知，对于V_ℓ中的任意两个元素$\boldsymbol{\pi}_{i_1}^{\ell}$和$\boldsymbol{\pi}_{i_2}^{\ell}$，当$i_1 < i_2$时，$\boldsymbol{\pi}_{i_1,\ell} \geqslant_{\text{ltd}} \boldsymbol{\pi}_{i_2,\ell}$。故由假设$F_1 \geqslant_{\text{st}} F_2 \geqslant_{\text{st}} \cdots \geqslant_{\text{st}} F_r$，有下式成立

$$\begin{aligned}\frac{g(i_1,\ell,t)}{g(i_2,\ell,t)} &= \prod_{j=1}^{r}\left(\frac{\bar{F}_j(t)}{F_j(t)}\right)^{\pi_{i_1,j}^{\ell}-\pi_{i_2,j}^{\ell}} \\ &\geqslant \left(\frac{\bar{F}_2(t)}{F_2(t)}\right)^{\pi_{i_1,1}^{\ell}-\pi_{i_2,1}^{\ell}+\pi_{i_1,2}^{\ell}-\pi_{i_2,2}^{\ell}} \prod_{j=3}^{r}\left(\frac{\bar{F}_j(t)}{F_j(t)}\right)^{\pi_{i_1,j}^{\ell}-\pi_{i_2,j}^{\ell}} \\ &\geqslant \cdots \geqslant \left(\frac{\bar{F}_{r-1}(t)}{F_{r-1}(t)}\right)^{\sum_{j=1}^{r-1}\pi_{i_1,j}^{\ell}-\pi_{i_2,j}^{\ell}} \left(\frac{\bar{F}_r(t)}{F_r(t)}\right)^{\pi_{i_1,r}^{\ell}-\pi_{i_2,r}^{\ell}} \\ &\geqslant \left(\frac{\bar{F}_r(t)}{F_r(t)}\right)^{\sum_{j=1}^{r}\pi_{i_1,j}^{\ell}-\pi_{i_2,j}^{\ell}} = 1\end{aligned}$$

即函数$g(i,\ell,t)$关于$i \in \left[\left|V_\ell\right|\right]$单调递减。至此，结合条件式（7.4），由引理 7.1，所需结论立即得证。

上述定理成立的一个重要前提条件是，对于任意的$\ell \in [n]$，V_ℓ均是正则的。通常来讲，尤其是对大规模系统来讲，上述条件较为苛刻。然而，对于二类型系统，容易验证正则性条件恒成立。因此，容易得到下述推论。

推论 7.1　考虑两个配置相同的二类型系统，两类元件数量为m_1和m_2。令T_i和$\bar{S}_i$分别表示系统i的寿命和生存签名，$i = 1,2$。若同类型元件寿命独立同分布，且两个类型的元件分布满足$F_1 \geqslant_{\text{st}} F_2$，以及对任意的$\ell \in [n]$，有

$$\sum_{k=0}^{j}\bar{S}_1(\ell-k,k)\binom{m_1}{\ell-k}\binom{m_2}{k} \geqslant \sum_{k=0}^{j}\bar{S}_2(\ell-k,k)\binom{m_1}{\ell-k}\binom{m_2}{k}, \quad j = 0,1,\cdots,\ell \tag{7.5}$$

则$T_1 \geqslant_{\text{st}} T_2$。

从形式上来看，条件式（7.4）较为复杂，但事实上它非常容易解释。令$\gamma(i_1,i_2,\cdots,i_r)$表示满足元件计数状态$(i_1,i_2,\cdots,i_r)$的所有路集的数量。根据生存签名的计算公式（7.1），有

$$\bar{S}(i_1,i_2,\cdots,i_r) = \gamma(i_1,i_2,\cdots,i_r)\prod_{k=1}^{r}\binom{m_k}{i_k} \tag{7.6}$$

根据式（7.6），条件式（7.4）可等价表述为

$$\sum_{i=1}^{j}\gamma_1\left(\boldsymbol{\pi}_i^{\ell}\right) \geqslant \sum_{i=1}^{j}\gamma_2\left(\boldsymbol{\pi}_i^{\ell}\right), \quad j \in [|V_\ell|] \tag{7.7}$$

特别地，当 $r = 2$ 时，

$$\sum_{k=0}^{j}\gamma_1(\ell-k,k) \geqslant \sum_{k=0}^{j}\gamma_2(\ell-k,k), \ j=0,1,\cdots,\ell \tag{7.8}$$

因此，条件式（7.4）和式（7.5）意味着，相同阶数的元件计数状态的累积贡献越大，则系统的可靠性就越高。另外，由于路集数属于正整数，条件式（7.7）和式（7.8）将有效简化系统寿命随机比较的验证过程。

例 7.2（例 7.1 续）　考虑例 7.1 的两个系统。表 7.3 和表 7.4 分别展示了系统 1 和系统 2 中所有元件计数状态对应的路集数量。

表 7.3　系统 1 生存签名对应的路集数

$\gamma_1(i_1,i_2)$	$i_2=0$	$i_2=1$	$i_2=2$	$i_2=3$
$i_1=0$	0	0	0	1
$i_1=1$	0	0	0	3
$i_1=2$	0	1	4	3
$i_1=3$	0	3	2	1

表 7.4　系统 2 生存签名对应的路集数

$\gamma_2(i_1,i_2)$	$i_2=0$	$i_2=1$	$i_2=2$	$i_2=3$
$i_1=0$	0	0	0	0
$i_1=1$	0	3	6	3
$i_1=2$	0	6	9	3
$i_1=3$	0	3	3	1

可以验证，对于所有的 $\ell=1,2,\cdots,6$，条件式（7.8）成立。在此，仅列出 $\ell=3$ 的验证过程：

$$j=1, \quad \gamma_1(3,0)=\gamma_2(3,0)$$

$$j=2, \quad \gamma_1(3,0)+\gamma_1(2,1) \leqslant \gamma_2(3,0)+\gamma_2(2,1)$$

$$j=3, \quad \gamma_1(3,0)+\gamma_1(2,1)+\gamma_1(1,2) \leqslant \gamma_2(3,0)+\gamma_2(2,1)+\gamma_2(1,2)$$

$$j=4,\quad \gamma_1(3,0)+\gamma_1(2,1)+\gamma_1(1,2)+\gamma_1(0,3)$$
$$\leqslant \gamma(3,0)+\gamma_2(2,1)+\gamma_2(1,2)+\gamma_2(0,3)$$

根据推论 7.1，当 $F_{\mathrm{B}} \geqslant_{\mathrm{st}} F_{\mathrm{A}}$ 时，得到 $T_2 \geqslant_{\mathrm{st}} T_1$。

例 7.3　考虑图 7.2 的两个 7 元件系统：系统 3 和系统 4，它们均由三个 A 型元件、一个 B 型元件以及三个 C 型元件组成。

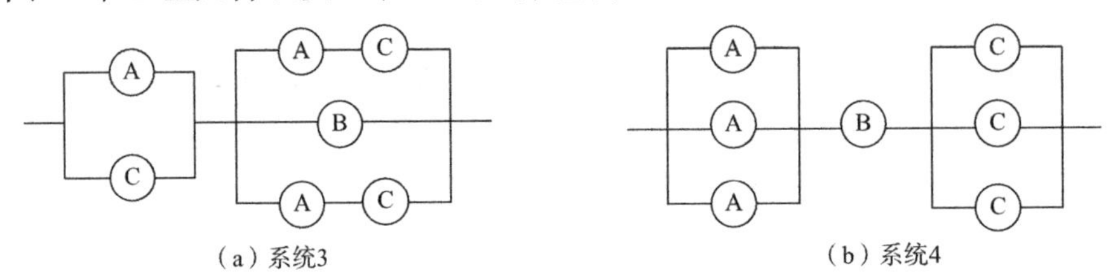

图 7.2　系统结构图（二）

令 (a,b,c) 表示元件计数状态，其中 a 表示 A 型元件工作的数量，b 表示 B 型元件工作的数量，c 表示 C 型元件工作的数量。表 7.5 列出了系统 3 和系统 4 中所有生存签名大于 0 的元件计数状态，表 7.6 给出了相应的系统路集数 γ_3 和 γ_4。

表 7.5　系统 3 和系统 4 中生存签名取正值的元件计数状态

$\ell=7$	$\boldsymbol{\pi}_1^7=(3,1,3)$
$\ell=6$	$\boldsymbol{\pi}_1^6=(3,1,2),\boldsymbol{\pi}_2^6=(3,0,3),\boldsymbol{\pi}_3^6=(2,1,3)$
$\ell=5$	$\boldsymbol{\pi}_1^5=(3,1,1),\boldsymbol{\pi}_2^5=(3,0,2),\boldsymbol{\pi}_3^5=(2,1,2),\boldsymbol{\pi}_4^5=(2,0,3),\boldsymbol{\pi}_5^5=(1,1,3)$
$\ell=4$	$\boldsymbol{\pi}_1^4=(3,1,0),\boldsymbol{\pi}_2^4=(3,0,1),\boldsymbol{\pi}_3^4=(2,1,1),\boldsymbol{\pi}_4^4=(2,0,2),\boldsymbol{\pi}_5^4=(1,1,2),$ $\boldsymbol{\pi}_6^4=(1,0,3),\boldsymbol{\pi}_7^4=(0,1,3)$
$\ell=3$	$\boldsymbol{\pi}_1^3=(2,1,0),\boldsymbol{\pi}_2^3=(2,0,1),\boldsymbol{\pi}_3^3=(1,1,1),\boldsymbol{\pi}_4^3=(1,0,2),\boldsymbol{\pi}_5^3=(0,1,2)$
$\ell=2$	$\boldsymbol{\pi}_1^2=(1,1,0),\boldsymbol{\pi}_2^2=(0,1,1)$

表 7.6　系统 3 和系统 4 中元件计数状态对应的路集数量

$\ell=7$	$\gamma_3(\boldsymbol{\pi}_1^7)=1$
	$\gamma_4(\boldsymbol{\pi}_1^7)=1$
$\ell=6$	$\gamma_3(\boldsymbol{\pi}_1^6)=1,\gamma_3(\boldsymbol{\pi}_2^6)=1,\gamma_3(\boldsymbol{\pi}_3^6)=1$
	$\gamma_4(\boldsymbol{\pi}_1^6)=1,\gamma_4(\boldsymbol{\pi}_2^6)=0,\gamma_4(\boldsymbol{\pi}_3^6)=1$

续表

$\ell=5$	$\gamma_3(\boldsymbol{\pi}_1^5)=3,\gamma_3(\boldsymbol{\pi}_2^5)=3,\gamma_3(\boldsymbol{\pi}_3^5)=8,\gamma_3(\boldsymbol{\pi}_4^5)=3,\ \gamma_3(\boldsymbol{\pi}_5^5)=3$
	$\gamma_4(\boldsymbol{\pi}_1^5)=3,\gamma_4(\boldsymbol{\pi}_2^5)=0,\gamma_4(\boldsymbol{\pi}_3^5)=9,\gamma_4(\boldsymbol{\pi}_4^5)=0,\gamma_4(\boldsymbol{\pi}_5^5)=3$
$\ell=4$	$\gamma_3(\boldsymbol{\pi}_1^4)=1,\gamma_3(\boldsymbol{\pi}_2^4)=3,\gamma_3(\boldsymbol{\pi}_3^4)=7,\gamma_3(\boldsymbol{\pi}_4^4)=6,\gamma_3(\boldsymbol{\pi}_5^4)=7,$ $\gamma_3(\boldsymbol{\pi}_6^4)=2,\gamma_3(\boldsymbol{\pi}_7^4)=1$
	$\gamma_4(\boldsymbol{\pi}_1^4)=0,\gamma_4(\boldsymbol{\pi}_2^4)=0,\gamma_4(\boldsymbol{\pi}_3^4)=9,\gamma_4(\boldsymbol{\pi}_4^4)=0,\gamma_4(\boldsymbol{\pi}_5^4)=9,$ $\gamma_4(\boldsymbol{\pi}_6^4)=0,\gamma_4(\boldsymbol{\pi}_7^4)=0$
$\ell=3$	$\gamma_3(\boldsymbol{\pi}_1^3)=2,\gamma_3(\boldsymbol{\pi}_2^3)=2,\gamma_3(\boldsymbol{\pi}_3^3)=5,\gamma_3(\boldsymbol{\pi}_4^3)=2,\gamma_3(\boldsymbol{\pi}_5^3)=2$
	$\gamma_4(\boldsymbol{\pi}_1^3)=0,\gamma_4(\boldsymbol{\pi}_2^3)=0,\gamma_4(\boldsymbol{\pi}_3^3)=9,\gamma_4(\boldsymbol{\pi}_4^3)=0,\gamma_4(\boldsymbol{\pi}_5^3)=0$
$\ell=2$	$\gamma_3(\boldsymbol{\pi}_1^2)=1,\gamma_3(\boldsymbol{\pi}_2^2)=1$
	$\gamma_4(\boldsymbol{\pi}_1^2)=0,\gamma_4(\boldsymbol{\pi}_2^2)=0$

容易验证，对于所有的$\ell=2,3,\cdots,7$，V_ℓ是正则的。另外，当$\ell=7,6,2$时，系统 3 的生存签名大于系统 4 的生存签名；当$\ell=5,4,3$时，可以验证，条件式（7.7）成立。故当$F_{\mathrm{A}}\geqslant_{\mathrm{st}}F_{\mathrm{B}}\geqslant_{\mathrm{st}}F_{\mathrm{C}}$时，得到$T_3\geqslant_{\mathrm{st}}T_4$。

7.3　不同元件配置的系统随机比较

7.3.1　SN 方法

更一般地，考虑系统元件配置不同时的随机比较问题。通常两个系统配置不同，表明两个系统在“包含的元件类型”或者“同类型元件的数量”上存在不同。对于具有不同元件配置的系统的随机比较问题，Samaniego 和 Navarro 于 2016 年提出了“构建可靠性等价系统”的思路（以下简称 SN 方法），即通过添加不相关的元件，使得两个目标系统具有相同的元件配置。鉴于新添加的元件与原始系统不相关，故其对于系统的可靠性不会产生任何影响。因此，可以通过建立新系统的序关系确定原始系统寿命的随机序关系[①]。

假设有 r 个类型的若干元件，同类型元件寿命独立同分布，不同类型元件寿命满足

$$F_1 \geqslant_{\mathrm{st}} F_2 \geqslant_{\mathrm{st}} \cdots \geqslant_{\mathrm{st}} F_r$$

考虑两个系统，系统 1 和系统 2，二者皆由上述 r 类的部分元件构成，记二者的配置分别为 $(n_1, n_2, \cdots, n_r)$ 和 $(m_1, m_2, \cdots, m_r)$，即系统 1 和系统 2 分别包含 n_k 和 m_k 个 k 型元件，$n_k, m_k \geqslant 0$，$k = 1, 2, \cdots, r$。若 $n_i = 0$ 则意味着系统 1 不包含 i 型元件；同理，$m_i = 0$ 是指系统 2 不包含 i 型元件。显然上述设置能够包含所有可能的元件配置不同情形。SN 方法的具体步骤叙述如下。

步骤 1： 添加不相关的元件，使得两个系统具有相同的元件配置。

（1）为系统 1 添加 $\max(m_k - n_k, 0)$ 个不相关的 k 型元件，$k = 1, 2, \cdots, r$，得到等价系统 1^*。

（2）为系统 2 添加 $\max(n_k - m_k, 0)$ 个不相关的 k 型元件，$k = 1, 2, \cdots, r$，得到等价系统 2^*。

系统 1^* 和系统 2^* 具有相同的元件配置 $(\max(m_1, n_1), \max(m_2, n_2), \cdots, \max(m_r, n_r))$。相较于原始系统 1 和系统 2，尽管不相关元件的加入使得元件总数增加，但系统的可靠性仍然保持不变。故从可靠性角度来讲，系统 1 和系统 1^* 等价，系统 2 和系统 2^* 等价。

步骤 2： 利用迭代公式（7.9）分别计算系统 1^* 和系统 2^* 的生存签名。假设 n 元件系统的元件配置为 $(m_1, m_2, \cdots, m_r)$，记它的生存签名为 $\bar{S}$，则通过添加 d 个 k 型元件得到的新系统的生存签名为

$$\bar{\boldsymbol{S}}^*(i_1, \cdots, i_k, \cdots, i_r) = \sum_{l=\max(0, i_k - d)}^{\min(i_k, m_j)} \frac{\dbinom{m_k}{l}\dbinom{d}{i_k - l}}{\dbinom{m_k + d}{i_k}} \bar{S}(i_1, \cdots, i_{k-1}, l, i_{k+1}, \cdots, i_r) \tag{7.9}$$

其中，$0 \leqslant i_k \leqslant m_k + d$，对于 $j \neq k$，$0 \leqslant i_j \leqslant m_j$。

步骤 3： 应用定理 7.1 或推论 7.1 确定系统 1^* 和系统 2^* 间的随机大小关系。

根据以上三个步骤，理论上可以比较满足模型和定理假设的任何两个多类型系统的可靠性。

① 添加无关元件后的新系统不再是关联系统，但这不影响生存签名在其上的定义。

7.3.2　简化方法

运用 SN 方法的潜在认知是，当两个系统的元件计数状态不能一一对应时无法对系统进行随机比较。然而，需要指出的是，定理 7.1 说明，当两系统具有相同的元件数量时，步骤 1 和步骤 2 可以忽略。此时只需在进行步骤 3 之前对两个系统的生存签名进行简单的推广。推广思路描述如下。

（1）对系统 1 来说，若系统 2 的元件计数状态$(i_1,i_2,\cdots,i_r)$存在某个分量满足$n_k < i_k \leqslant m_k$，则令$\overline{S}_1(i_1,i_2,\cdots,i_r)=0$。

（2）对系统 2 来说，若系统 1 的元件计数状态$(i_1,i_2,\cdots,i_r)$存在某个分量满足$m_k < i_k \leqslant n_k$，则令$\overline{S}_2(i_1,i_2,\cdots,i_r)=0$。

鉴于系统 1 不存在分量满足条件$n_k < i_k < m_k$的元件计数状态，故令$\overline{S}_1(i_1,i_2,\cdots,i_r)=0$是合理的；系统 2 生存签名的推广原理与之类似。下面看一个例子。

例 7.4　考虑图 7.3 所示的系统 5 和系统 6。表 7.7 和表 7.8 分别展示了两个系统所有可能的元件计数状态(i_1,i_2)、生存签名$\overline{S}_5(i_1,i_2)$和$\overline{S}_6(i_1,i_2)$以及相应的路集数量$\gamma_5(i_1,i_2)$和$\gamma_6(i_1,i_2)$，其中i_1表示 A 型元件工作的数量，i_2表示 B 型元件工作的数量。鉴于两个系统均由两类型元件组成，故对所有的$\ell=1,2,3,4,5$，V_ℓ是正则的。同时，容易验证生存签名（或路集数）满足条件式（7.8）。在此，仅给出$\ell=4$的验证过程。

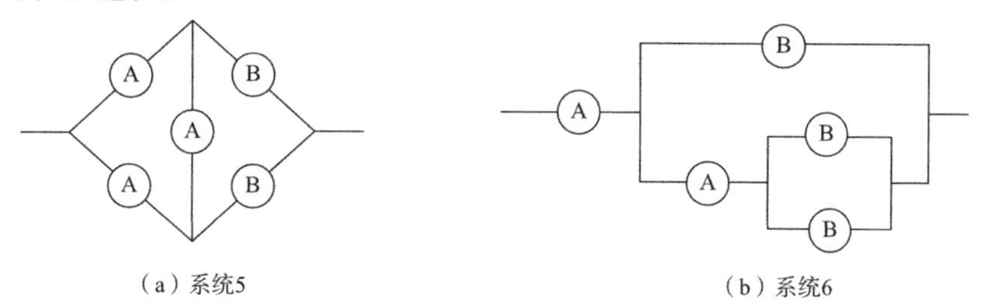

（a）系统5　　（b）系统6

图 7.3　系统结构图（三）

当$\ell=4$时，$V_{4,\overline{S}_5}=\{(3,1),(2,2)\}$，$V_{4,\overline{S}_6}=\{(2,2),(1,3)\}$。故

$$V_4=V_{4,\overline{S}_5}\cup V_{4,\overline{S}_6}=\{(3,1),(2,2),(1,3)\}$$

不难验证

$$(3,1)\geqslant_{\text{ltd}}(2,2)\geqslant_{\text{ltd}}(1,3)$$

进一步，有

$$\gamma_5(3,1)=2>\gamma_6(3,1)=0$$

$$\gamma_5(3,1)+\gamma_5(2,2)=5>\gamma_6(3,1)+\gamma_6(2,2)=3$$

$$\gamma_5(3,1)+\gamma_5(2,2)+\gamma_5(1,3)=5>\gamma_6(3,1)+\gamma_6(2,2)+\gamma_6(1,3)=4$$

综上，根据定理 7.1，若 $F_{\mathrm{A}} \geqslant_{\mathrm{st}} F_{\mathrm{B}}$，则 $T_5 \geqslant_{\mathrm{st}} T_6$，即系统 5 相较于系统 6 具有更高的可靠性。

表 7.7　系统 5 广义生存签名及对应的路集数量

$\overline{S}_5(i_1,i_2)(\gamma_5)$	$i_2=1$	$i_2=2$	$i_2=3$
$i_1=1$	1/3（2）	2/3（2）	0（0）
$i_1=2$	1（6）	1（3）	0（0）
$i_1=3$	1（2）	1（1）	0（0）

表 7.8　系统 6 广义生存签名及对应的路集数量

$\overline{S}_6(i_1,i_2)(\gamma_6)$	$i_2=1$	$i_2=2$	$i_2=3$
$i_1=1$	1/6（1）	1/3（2）	1/2（1）
$i_1=2$	1（3）	1（3）	1（1）
$i_1=3$	0（0）	0（0）	0（0）

最后，介绍一个计算等价系统生存签名的迭代算法。事实上，读者或许已经发觉，SN 方法的步骤 2 中，在计算等价系统的生存签名时，公式（7.9）显得有点烦琐，而下面介绍的算法将会有效简化等价系统的生存签名计算。

定理 7.2　对于一个 n 元件系统，令其元件配置为 $(m_1,m_2,\cdots,m_r)$，生存签名以及对应路集分别为 $\overline{S}$ 和 γ。假设新系统通过添加 d 个不相关的 k 型元件得到。则新系统的生存签名 $\overline{S}^*$ 可通过如下步骤获得

步骤 1： 令 $\overline{S}^{(0)}(i_1,i_2,\cdots,i_r)=\overline{S}(i_1,i_2,\cdots,i_r)$，$\gamma^{(0)}(i_1,i_2,\cdots,i_r)=\gamma(i_1,i_2,\cdots,i_r)$，$0 \leqslant i_k \leqslant m_k$，$1 \leqslant k \leqslant r$。

步骤 2： 对于 $1 \leqslant s \leqslant d$，迭代计算

$$\begin{aligned}\gamma^{(s)}(i_1,\cdots,i_{k-1},i_k,i_{k+1},\cdots,i_r)&=\gamma^{(s-1)}(i_1,\cdots,i_{k-1},i_k-1,i_{k+1},\cdots,i_r)\\&\quad+\gamma^{(s-1)}(i_1,\cdots,i_{k-1},i_k,i_{k+1},\cdots,i_r)\end{aligned} \tag{7.10}$$

步骤 3： 使用下列公式计算新系统的生存签名

$$\overline{S}^* = \frac{\gamma^{(d)}(i_1, i_2, \cdots, i_r)}{\binom{m_k + d}{i_k} \prod_{1 \leqslant l \neq k \leqslant r} \binom{m_l}{i_l}}$$

证明 记原始系统的寿命为 T，根据式（7.2），有下式成立

$$\begin{aligned} P(T > t) &= \sum_{i_k=0}^{m_k} \sum_{\substack{0 \leqslant i_j \leqslant m_j \\ 1 \leqslant j \neq k \leqslant r}} \overline{S}^{(0)}(i_1, i_2, \cdots, i_r) \prod_{l=1}^{r} \left(F_l(t)\right)^{m_l - i_l} \left(\overline{F}_l(t)\right)^{i_l} \left(\overline{F}_k(t) + F_k(t)\right) \\ &= \sum_{i_k=0}^{m_k} \sum_{\substack{0 \leqslant i_j \leqslant m_j \\ 1 \leqslant j \neq k \leqslant r}} \gamma^{(0)}(i_1, i_2, \cdots, i_r) \left(F_k(t)\right)^{m_k - i_k} \left(\overline{F}_k(t)\right)^{i_k + 1} \varDelta \\ &+ \sum_{i_k=0}^{m_k} \sum_{\substack{0 \leqslant i_j \leqslant m_j \\ 1 \leqslant j \neq k \leqslant r}} \gamma^{(0)}(i_1, i_2, \cdots, i_r) \left(F_k(t)\right)^{m_k - i_k + 1} \left(\overline{F}_k(t)\right)^{i_k} \varDelta \end{aligned} \tag{7.11}$$

为了书写方便，在上式及本证明的其余部分采用如下记号：

$$\varDelta = \prod_{l \neq k}^{r} \left(F_l(t)\right)^{m_l - i_l} \left(\overline{F}_l(t)\right)^{i_l}$$

根据式（7.10），有

$$\begin{aligned} \gamma^{(1)}(i_1, \cdots, i_{k-1}, i_k + 1, i_{k+1}, \cdots, i_r) &= \gamma^{(0)}(i_1, \cdots, i_{k-1}, i_k, i_{k+1}, \cdots, i_r) \\ &\quad + \gamma^{(0)}(i_1, \cdots, i_{k-1}, i_k + 1, i_{k+1}, \cdots, i_r) \end{aligned}$$

现将式（7.11）中第一求和式分出 $i_k = m_k$ 项，第二求和式分出 $i_k = 0$ 项，剩余部分按上式合并后得到

$$\begin{aligned} P(T > t) &= \sum_{i_k=0}^{m_k - 1} \sum_{\substack{0 \leqslant i_j \leqslant m_j \\ 1 \leqslant j \neq k \leqslant r}} \gamma^{(1)}(i_1, \cdots, i_{k-1}, i_k + 1, i_{k+1}, \cdots, i_r) \left(F_k(t)\right)^{m_k - i_k} \left(\overline{F}_k(t)\right)^{i_k + 1} \varDelta \\ &+ \sum_{\substack{0 \leqslant i_j \leqslant m_j \\ 1 \leqslant j \neq k \leqslant r}} \gamma^{(0)}(i_1, \cdots, i_{k-1}, 0, i_{k+1}, \cdots, i_r) \left(F_k(t)\right)^{m_k + 1} \varDelta \\ &+ \sum_{\substack{0 \leqslant i_j \leqslant m_j \\ 1 \leqslant j \neq k \leqslant r}} \gamma^{(0)}(i_1, \cdots, i_{k-1}, m_k, i_{k+1}, \cdots, i_r) \left(\overline{F}_k(t)\right)^{m_k + 1} \varDelta \end{aligned} \tag{7.12}$$

上式中第一项

$$\sum_{i_k=0}^{m_k-1}\sum_{\substack{0\leqslant i_j\leqslant m_j\\1\leqslant j\neq k\leqslant r}}\gamma^{(1)}\left(i_1,\cdots,i_{k-1},i_k+1,i_{k+1},\cdots,i_r\right)\left(F_k(t)\right)^{m_k-i_k}\left(\bar{F}_k(t)\right)^{i_k+1}\varDelta$$

$$=\sum_{i_k=1}^{m_k}\sum_{\substack{0\leqslant i_j\leqslant m_j\\1\leqslant j\neq k\leqslant r}}\gamma^{(1)}\left(i_1,\cdots,i_{k-1},i_k,i_{k+1},\cdots,i_r\right)\left(F_k(t)\right)^{m_k-i_k+1}\left(\bar{F}_k(t)\right)^{i_k}\varDelta$$

以及由式（7.10）得到

$$\gamma^{(0)}\left(i_1,\cdots,i_{k-1},0,i_{k+1},\cdots,i_r\right)=\gamma^{(1)}\left(i_1,\cdots,i_{k-1},0,i_{k+1},\cdots,i_r\right)$$

$$\gamma^{(0)}\left(i_1,\cdots,i_{k-1},m_k,i_{k+1},\cdots,i_r\right)=\gamma^{(1)}\left(i_1,\cdots,i_{k-1},m_k+1,i_{k+1},\cdots,i_r\right)$$

则式（7.12）可重新写作

$$P(T>t)=\sum_{i_k=0}^{m_k+1}\sum_{\substack{0\leqslant i_j\leqslant m_j\\1\leqslant j\neq k\leqslant r}}\gamma^{(1)}\left(i_1,\cdots,i_{k-1},i_k,i_{k+1},\cdots,i_r\right)\left(F_k(t)\right)^{m_k-i_k+1}\left(\bar{F}_k(t)\right)^{i_k}\varDelta$$

重复上述过程 d 次，即可得到

$$P(T>t)=\sum_{i_k=0}^{m_k+d}\sum_{\substack{0\leqslant i_j\leqslant m_j\\1\leqslant j\neq k\leqslant r}}\gamma^{(d)}\left(i_1,\cdots,i_{k-1},i_k,i_{k+1},\cdots,i_r\right)\left(F_k(t)\right)^{m_k-i_k+d}\left(\bar{F}_k(t)\right)^{i_k}\varDelta$$

另外，根据式（7.2），增加 d 个元件后的新系统的可靠性可表达为

$$P(T>t)=\sum_{i_k=0}^{m_k+d}\sum_{\substack{0\leqslant i_j\leqslant m_j\\1\leqslant j\neq k\leqslant r}}\bar{S}^*\left(i_1,\cdots,i_{k-1},i_k,i_{k+1},\cdots,i_r\right)\binom{m_k+d}{i_k}$$

$$\left(F_k(t)\right)^{m_k-i_k+d}\left(\bar{F}_k(t)\right)^{i_k}\prod_{l\neq k}^{r}\binom{m_l}{i_l}\varDelta$$

对比以上两式，立即得到

$$\bar{S}^*\left(i_1,i_2,\cdots,i_r\right)=\frac{\gamma^{(d)}\left(i_1,\cdots,i_{k-1},i_k,i_{k+1},\cdots,i_r\right)}{\binom{m_k+d}{i_k}\prod_{l\neq k}^{r}\binom{m_l}{i_l}}$$

证毕。

相较于 SN 方法，定理 7.2 在计算等价系统的生存签名时有两个优势。一是定理 7.2 在步骤 3 之前仅涉及加法运算，因此在计算上更为简便；二是定理 7.2 可同时计算多个元件计数状态下的生存签名，而在 SN 方法中则需要逐一计算。具体来

讲，可在其他 $r-1$ 种类型的元件工作数量固定的前提下，针对 k 型元件同时计算其在不同计数状态下对应的系统生存签名。在实际计算过程中，则只需叠加 k 型元件对应的相邻“列”即可。例 7.5 演示了利用定理 7.2 计算等价系统生存签名的过程。

例 7.5　考虑一个 3 中取 2 系统，它由两个 A 型元件和一个 C 型元件组成。假设存在另一系统，其由三个 A 型元件、一个 B 型元件以及三个 C 型元件组成。若要通过生存签名比较该系统与 3 中取 2 系统的随机性能，根据 SN 思想，需要添加不相关元件构建等价于 3 中取 2 系统的新系统。下面演示如何运用定理 7.2 进行等价系统的构建过程。

$\gamma^{(0)}(a,c)$	$c=0$	$c=1$
$a=0$	0	0
$a=1$	0	2
$a=2$	1	1

$\xrightarrow{+\text{A型元件}}$

$\gamma^{(1)}(a,c)$	$c=0$	$c=1$
$a=0$	0	0
$a=1$	0	2
$a=2$	1	3
$a=3$	1	1

$\xrightarrow{+\text{C型元件}}$

$\gamma^{(2)}(a,c)$	$c=0$	$c=1$	$c=2$
$a=0$	0	0	0
$a=1$	0	2	2
$a=2$	1	4	3
$a=3$	1	2	1

$\xrightarrow{+\text{C型元件}}$

$\gamma^{(3)}(a,c)$	$c=0$	$c=1$	$c=2$	$c=3$
$a=0$	0	0	0	0
$a=1$	0	2	4	2
$a=2$	1	5	7	3
$a=3$	1	3	3	1

$\xrightarrow{+\text{B型元件}}$

$\gamma^{(4)}(a,b=0,c)$	$c=0$	$c=1$	$c=2$	$c=3$
$a=0$	0	0	0	0
$a=1$	0	2	4	2
$a=2$	1	5	7	3
$a=3$	1	3	3	1

+B型元件 ⟶

$\gamma^{(4)}(a,b=1,c)$	$c=0$	$c=1$	$c=2$	$c=3$
$a=0$	0	0	0	0
$a=1$	0	2	4	2
$a=2$	1	5	7	3
$a=3$	1	3	3	1

上述的过程是通过逐个添加元件进行的。例如，$\gamma^{(3)}(a,c)$是在$\gamma^{(2)}(a,c)$的基础上通过添加一个 C 型元件计算得到的。鉴于$\gamma^{(2)}(a,c)$对应的系统有三个 A 型元件和两个 C 型元件。不妨令$\gamma^{(2)}(a,-1)=0$和$\gamma^{(2)}(a,3)=0$。则根据定理 7.2，对于$i=0,1,2,3$，有

$$\gamma^{(3)}(a,i)=\gamma^{(2)}(a,i)+\gamma^{(2)}(a,i-1)$$

故$\gamma^{(3)}(a,c)$的第i列可通过将$\gamma^{(2)}(a,c)$的第 i 列和第$i-1$列对应元素相加得到。类似地，由于$\gamma^{(3)}(a,c)$对应系统中不包含 B 型元件，故$\gamma^{(3)}(a,c)=\gamma^{(3)}(a,b=0,c)$。因此，当再次添加一个不相关的 B 型元件时，有

$$\gamma^{(4)}(a,b=0,c)=\gamma^{(3)}(a,b=0,c)+\gamma^{(3)}(a,b=-1,c)=\gamma^{(3)}(a,c)$$

而$\gamma^{(4)}(a,b=1,c)$可通过将$\gamma^{(3)}(a,b=0,c)$和$\gamma^{(3)}(a,b=1,c)$对应元素相加得到。由于$\gamma^{(3)}(a,b=1,c)=0$，所以得到$\gamma^{(4)}(a,b=1,c)=\gamma^{(3)}(a,b=0,c)$。

7.4　本 章 小 结

本章介绍了多类型系统生存签名及其在非齐次系统可靠性比较中的应用。多类型系统签名是经典的生存签名在多类型系统下的扩展，它同样具有经典生存签名的一些功能和性质，例如，反映系统的结构信息，并能够有效表达系统的可靠性（7.1 节）。生存签名的一个重要应用是它能够更便捷地比较两个系统的可靠性，然而，这一比较方法要求苛刻，导致使用范围非常有限。7.2 节在有序类型元件分布情形下对这一方法做出了改进，建立了元件配置相同情形下基于生存签名开展系统随机比较的重要结果（定理 7.1），该结果使得生存签名在系统随机比较的

应用范围得到有效扩展。7.3 节将上述结果做了进一步扩展到系统元件配置不同的情形，并改进了文献中存在的 SN 方法（定理 7.2）。

更多有关生存签名在非齐次系统随机比较问题中的研究，可以参考 Samaniego 和 Navarro（2016），Navarro 和 del Águila（2017），Ding 等（2020）的相关工作。

第 8 章　系统签名的其他扩展

第 6 和第 7 章分别介绍了两类重要的系统签名扩展，本章再简要介绍一下文献中其他系统签名的扩展，包括概率签名、耦合系统签名以及有序系统签名，这些概念及相关理论是近年来文献中关注的热点。

8.1　概 率 签 名

8.1.1　定义

在经典的系统签名概念中，假设系统元件的寿命是可交换的，可交换的假设使得系统签名仅与系统的结构有关，是系统结构信息的概率呈现。但是，从系统签名的可靠性度量特征出发，考虑非可交换元件寿命的情形是有必要的，通常把这种情形的系统签名称为系统概率签名，而经典系统签名称为系统结构签名。

考虑一个 n 元件关联系统，其结构函数为 $\phi \in \Phi_n$，Φ_n 表示所有的 n 元件关联系统函数集合。记元件寿命为随机变量 $X_1, X_2, \cdots, X_n$，并且 $(X_1, X_2, \cdots, X_n)$ 无结点，记系统的寿命为 T，定义 $\boldsymbol{p} = (p_1, p_2, \cdots, p_n)$ 为系统的概率签名向量，其中

$$p_i = P(T = X_{k:n}), \quad i \in [n] \tag{8.1}$$

类似地，定义生存概率签名向量 $\overline{\boldsymbol{P}} = (\overline{P}_0, \overline{P}_1, \cdots, \overline{P}_{n-1})$，其中

$$\overline{P}_i = P(T > X_{i:n}), \quad 0 \leqslant i \leqslant n-1$$

显然，概率签名和生存概率签名满足

$$\overline{P}_i = \sum_{j=i+1}^{n} p_j, \quad p_i = \overline{P}_{i-1} - \overline{P}_i \tag{8.2}$$

一般来说，概率签名不仅与系统的结构有关，也与元件的寿命有关。如何用

简洁的数学表示描述这一关系呢？首先定义一个与元件寿命有关的量，称为相对质量函数。记函数 $q:\{0,1\}^n \to [0,1]$ 为系统寿命的相对质量函数，定义为

$$q(\boldsymbol{x}) = P\left(\max_{i\in[n]\setminus A_{\boldsymbol{x}}} X_i < \min_{i\in A_{\boldsymbol{x}}} X_i\right) \tag{8.3}$$

其中，$A_{\boldsymbol{x}} = \{i \in [n]:\ x_i = 1\}$，特别地，$q(\boldsymbol{0}) = q(\boldsymbol{1}) = 1$。有时候，方便起见，也将 $q(\boldsymbol{x})$ 写作 $q(A_{\boldsymbol{x}})$。基于相对质量函数 q 和系统结构函数 ϕ 定义如下的量：

$$\omega_k(q,\phi) = \sum_{|\boldsymbol{x}|=k} q(\boldsymbol{x})\phi(\boldsymbol{x}), \quad 0 \leqslant k \leqslant n \tag{8.4}$$

其中，$|\boldsymbol{x}|$ 表示向量 $\boldsymbol{x}$ 中非 0 分量的个数。

定理 8.1 给出了概率签名基于系统结构和元件寿命分布的表示。

定理 8.1　假定元件寿命无结点。对任意的 $\phi \in \Phi_n$，有

$$\overline{P}_i = \omega_{n-i}(q,\phi), \quad 0 \leqslant i \leqslant n-1 \tag{8.5}$$

以及

$$p_i = \omega_{n-i+1}(q,\phi) - \omega_{n-i}(q,\phi) \tag{8.6}$$

证明　考虑元件失效排序，容易得到对任意的 $0 \leqslant i \leqslant n-1$，有

$$\overline{P}_i = \sum_{\boldsymbol{\pi}\in\Pi_n} P\left(T > X_{i:n} \mid X_{\pi_1} < X_{\pi_2} < \cdots < X_{\pi_n}\right) P\left(X_{\pi_1} < X_{\pi_2} < \cdots < X_{\pi_n}\right)$$

其中，

$$P\left(T > X_{i:n} | X_{\pi_1} < X_{\pi_2} < \cdots < X_{\pi_n}\right) = \phi\left(\{\pi_{i+1}, \pi_{i+2}, \cdots, \pi_n\}\right)$$

即如果 $\{\pi_{i+1}, \pi_{i+2}, \cdots, \pi_n\}$ 是 ϕ 的路集，那么 $P\left(T > X_{i:n} | X_{\pi_1} < X_{\pi_2} < \cdots < X_{\pi_n}\right) = 1$，否则等于 0。于是，对任意的 $0 \leqslant i \leqslant n-1$，有

$$\begin{aligned}\overline{P}_i &= \sum_{\substack{\boldsymbol{\pi}\in\Pi_n \\ \phi(\{\pi_{i+1},\pi_{i+2},\cdots,\pi_n\})=1}} P\left(X_{\pi_1} < X_{\pi_2} < \cdots < X_{\pi_n}\right) \\ &= \sum_{\substack{|\boldsymbol{x}|=n-i \\ \phi(\boldsymbol{x})=1}} q(\boldsymbol{x}) \\ &= \sum_{|\boldsymbol{x}|=n-i} q(\boldsymbol{x})\phi(\boldsymbol{x})\end{aligned}$$

则式（8.5）成立，进而由式（8.2）得到式（8.6）。

根据定理 8.1，特别地，当元件寿命无结点且可交换时，容易得到

$$q(\boldsymbol{x})=\frac{1}{\binom{n}{|\boldsymbol{x}|}} \tag{8.7}$$

则

$$\omega_k(q,\phi)=\sum_{|\boldsymbol{x}|=k}\frac{\phi(\boldsymbol{x})}{\binom{n}{|\boldsymbol{x}|}}=\frac{\gamma_k}{\binom{n}{k}}=\overline{S}_{n-k}$$

其中，γ_k 表示 k 阶路集的个数（见 2.2.2 节），意味着生存概率签名退化为（结构）生存签名，

$$\overline{\boldsymbol{P}}=\overline{\boldsymbol{S}}$$

等价地，

$$\boldsymbol{p}=\boldsymbol{s} \tag{8.8}$$

事实上，式（8.7）不仅是式（8.8）的充分条件，也是必要条件。在给出这个结果之前，先介绍一个引理，它在本节的一些性质推导中扮演着非常重要的角色，证明请见 Marichal 等（2011）的相关研究。

引理 8.1　令 $\lambda:\{0,1\}^n\to\mathbb{R}$ 为一个给定的函数。则有下式成立

$$\sum_{\boldsymbol{x}\in\{0,1\}^n}\lambda(\boldsymbol{x})\phi(\boldsymbol{x})=0\text{，对所有的}\phi\in\Phi_n\Leftrightarrow\lambda(\boldsymbol{x})=0\text{，}\boldsymbol{x}\neq 0$$

定理 8.2　假定元件寿命无结点。对所有 $\phi\in\Phi_n$，式（8.8）都成立的充分必要条件为 q 是对称的，即式（8.7）。

证明　根据式（8.5），有

$$\overline{P}_{n-i}=\omega_i(q,\phi)=\sum_{\boldsymbol{x}\in\{0,1\}^n}\mathbb{I}_{(|\boldsymbol{x}|=i)}q(\boldsymbol{x})\phi(\boldsymbol{x}),\quad 1\leqslant i\leqslant n$$

而生存签名

$$\overline{S}_{n-i}=\sum_{\boldsymbol{x}\in\{0,1\}^n}\mathbb{I}_{(|\boldsymbol{x}|=i)}\frac{1}{\binom{n}{|\boldsymbol{x}|}}\phi(\boldsymbol{x}),\quad 1\leqslant i\leqslant n$$

则

$$\overline{P}_{n-i}=\overline{S}_{n-i}\Leftrightarrow\sum_{\boldsymbol{x}\in\{0,1\}^n}\mathbb{I}_{(|\boldsymbol{x}|=i)}\left(\frac{1}{\binom{n}{|\boldsymbol{x}|}}-q(\boldsymbol{x})\right)\phi(\boldsymbol{x})=0,\quad 1\leqslant i\leqslant n$$

由引理 8.1，可得定理结论。

8.1.2　混合表示

第 2 章提到，系统可靠性的签名混合表示（定理 2.1）在签名的众多应用中扮演着基础性角色。定理 2.1 假定了元件的寿命无结点且可交换时，系统可靠性的签名混合表示成立，即

$$\bar{F}_T(t)=\sum_{i=1}^{n}s_i\bar{F}_{i:n}(t),\ t>0 \tag{8.9}$$

其中，$\bar{F}_{i:n}(t)$ 表示 $X_1,X_2,\cdots,X_n$ 构成的 n 中取 i 系统的可靠性，即 $X_{i:n}$ 的生存函数。为了提升式（8.9）的应用范围，一个自然的问题是，式（8.9）是否在更弱的条件下成立？类似地，对于式（8.1）中定义的概率签名，当元件寿命分布满足什么条件时，存在

$$\bar{F}_T(t)=\sum_{i=1}^{n}p_i\bar{F}_{i:n}(t),\ t>0 \tag{8.10}$$

接下来开展对这两个问题的讨论。

对于式（8.9），为了方便讨论，先给出它的等价形式。将式（8.9）的 $\bar{F}_{i:n}(t)$ 等价表示为

$$\bar{F}_{i:n}(t)=\sum_{j=n-i+1}^{n}\bar{F}_{n-j+1:n}(t)-\bar{F}_{n-j:n}(t)$$

通过求和顺序交换，式（8.9）可等价地写作

$$\bar{F}_T(t)=\sum_{i=1}^{n}\bar{S}_{n-i}\left(\bar{F}_{n-i+1:n}(t)-\bar{F}_{n-i:n}(t)\right),\ t>0 \tag{8.11}$$

另外，对于任意的 $t>0$，定义

$$\chi_i(t)=\mathbb{I}_{(X_i>t)},\quad i\in[n]$$

表示元件 i 在时刻 t 的状态，$\chi_i(t)=1$ 为元件工作，否则为失效，并记 $\boldsymbol{\chi}(t)=(\chi_1(t),\chi_2(t),\cdots,\chi_n(t))$。显然，在 t 时刻关于元件状态取条件，立即可得

$$\bar{F}_T(t)=\sum_{\boldsymbol{x}\in\{0,1\}^n}\phi(\boldsymbol{x})P(\boldsymbol{\chi}(t)=\boldsymbol{x}) \tag{8.12}$$

回到式（8.11），有

$$\bar{F}_{k:n}(t)=P(|\boldsymbol{\chi}(t)|>n-k+1),\quad 0\leqslant k\leqslant n$$

以及

$$\overline{F}_{n-i+1:n}(t)-\overline{F}_{n-i:n}(t)=P(|\chi(t)|=i),\quad i\in[n] \tag{8.13}$$

故式（8.11）等价表示为

$$\overline{F}_T(t)=\sum_{i=1}^{n}\overline{S}_{n-i}P(|\chi(t)|=i),\quad t>0 \tag{8.14}$$

当然式（8.14）也可以通过生存签名的直观解释直接获得（见式（2.13）），但上述推导较为严格地建立了式（8.9）和式（8.14）的等价性。进一步，式（8.14）可以写作

$$\begin{aligned}\overline{F}_T(t)&=\sum_{i=1}^{n}\overline{S}_{n-i}\sum_{|\boldsymbol{x}|=i}P(\chi(t)=\boldsymbol{x})\\&=\sum_{i=1}^{n}\sum_{|\boldsymbol{x}|=i}\overline{S}_{n-|\boldsymbol{x}|}P(\chi(t)=\boldsymbol{x})\\&=\sum_{\boldsymbol{x}\in\{0,1\}^n}\overline{S}_{n-|\boldsymbol{x}|}P(\chi(t)=\boldsymbol{x})\end{aligned} \tag{8.15}$$

由 Boland 公式（2.13），有

$$\overline{S}_{n-|\boldsymbol{x}|}=\sum_{|\boldsymbol{y}|=|\boldsymbol{x}|}\phi(\boldsymbol{y})\frac{1}{\binom{n}{|\boldsymbol{y}|}}$$

将上式代入式（8.15），交换求和顺序后产生

$$\overline{F}_T(t)=\sum_{\boldsymbol{y}\in\{0,1\}^n}\phi(\boldsymbol{y})\frac{1}{\binom{n}{|\boldsymbol{y}|}}P(|\chi(t)|=|\boldsymbol{y}|) \tag{8.16}$$

定理 8.3　对于任意的$t>0$，对所有$\phi\in\Phi_n$，式（8.9）都成立的充分必要条件是$\chi_1(t),\chi_2(t),\cdots,\chi_n(t)$可交换。

证明　根据式（8.12）和式（8.16），可以得到，对所有$\phi\in\Phi_n$，式（8.9）都成立等价于对所有$\phi\in\Phi_n$，有

$$\sum_{\boldsymbol{y}\in\{0,1\}^n}\phi(\boldsymbol{y})\left(P(\chi(t)=\boldsymbol{y})-\frac{1}{\binom{n}{|\boldsymbol{y}|}}P(|\chi(t)|=|\boldsymbol{y}|)\right)=0$$

由引理 8.1 的结论，可以得到上式等价于对所有的 $\boldsymbol{y}\in\{0,1\}^n$，有

$$P\left(\boldsymbol{\chi}(t)=\boldsymbol{y}\right)=\frac{1}{\binom{n}{|\boldsymbol{y}|}}P\left(\left|\boldsymbol{\chi}(t)\right|=|\boldsymbol{y}|\right) \tag{8.17}$$

也就是说 $\chi_1(t),\chi_2(t),\cdots,\chi_n(t)$ 可交换。证毕。

定理 8.3 指出，元件寿命可交换是式（8.9）的充分条件但非必要条件，因为容易看到寿命可交换一定可以得到对任意的 $t>0$，$\chi_1(t),\chi_2(t),\cdots,\chi_n(t)$ 可交换，但反之不成立，反例请见 Marichal 等（2011）的相关研究。

定理 8.4　假定元件寿命无结点。对于任意的 $t>0$，对所有 $\phi\in\varPhi_n$，式（8.10）都成立的充分必要条件是对所有的 $\boldsymbol{x}\in\{0,1\}^n$，有

$$P\left(\boldsymbol{\chi}(t)=\boldsymbol{x}\right)=q(\boldsymbol{x})P\left(\left|\boldsymbol{\chi}(t)\right|=|\boldsymbol{x}|\right) \tag{8.18}$$

证明　类似于式（8.9）的等价形式（8.16），可以将式（8.10）等价地表示为

$$\bar{F}_T(t)=\sum_{\boldsymbol{x}\in\{0,1\}^n}\bar{P}_{n-|\boldsymbol{x}|}P\left(\boldsymbol{\chi}(t)=\boldsymbol{x}\right)$$

应用式（8.5），上式有如下形式：

$$\bar{F}_T(t)=\sum_{\boldsymbol{y}\in\{0,1\}^n}\phi(\boldsymbol{y})q(\boldsymbol{y})P\left(\left|\boldsymbol{\chi}(t)\right|=|\boldsymbol{y}|\right)$$

再由式（8.12）和引理 8.1 可得定理结论。

定理 8.3 和定理 8.4 分别给出了式（8.9）和式（8.10）成立的充分必要条件。从对应的充要条件式（8.17）和式（8.18）来看，二者并不存在必然蕴含关系，表明式（8.9）和式（8.10）不存在必然蕴含关系，数值例子读者可以参见 Marichal 等（2011）的例 9 和例 10。最后特别关注一下这两个表达式同时成立的情形。

定理 8.5　假定元件寿命无结点。则下列的叙述等价：

（1）对于任意的 $t>0$，对所有 $\phi\in\varPhi_n$，式（8.9）和式（8.10）都成立；

（2）对所有 $\phi\in\varPhi_n$，式（8.8）成立并且对所有的 $t>0$，$\chi_1(t),\chi_2(t),\cdots,\chi_n(t)$ 可交换；

（3）q 是对称的并且对所有的 $t>0$，$\chi_1(t),\chi_2(t),\cdots,\chi_n(t)$ 可交换。

证明　（2）$\Rightarrow$（1）由定理 8.3 可得；（2）$\Leftrightarrow$（3）由定理 8.2 可得。下证（1）$\Rightarrow$（3）。

根据式（8.17）和式（8.18），只需证明对任意的 $\boldsymbol{y}\in\{0,1\}^n$，存在 $t>0$，

$$\left(q(\boldsymbol{y})-\frac{1}{\binom{n}{|\boldsymbol{y}|}}\right)P\left(|\boldsymbol{\chi}(t)|=|\boldsymbol{y}|\right)=0$$

而对任意的$k\in[n-1]$，

$$P\left(|\boldsymbol{\chi}(t)|=k\right)>0$$

反设存在某个$k\in[n-1]$，对任意的$t>0$，上式等于 0。根据式（8.13），有

$$\bar{F}_{n-k+1:n}(t)-\bar{F}_{n-k:n}(t)=P\left(X_{n-k:n}\leqslant t<X_{n-k+1:n}\right)=0$$

记$\mathbb{Q}^+$表示所有的正有理数，以及

$$E_m=\left\{X_{n-k:n}\leqslant t_m<X_{n-k+1:n}\right\},\quad m\geqslant 1$$

其中，$\mathbb{Q}^+=\{t_m:m\geqslant 1\}$，则$P(E_m)=0$，$m\geqslant 1$，由$\mathbb{Q}^+$的稠密性，可得

$$P\left(X_{n-k:n}<X_{n-k+1:n}\right)=P\left(\bigcap_{m=1}^{\infty}E_m\right)=0$$

显然与元件寿命无结点的假设矛盾。

8.2 耦合系统签名

8.2.1 定义

耦合系统或者共享系统是可靠性理论中很重要的一类模型，在实际中有着非常广泛的应用。本节介绍耦合系统的签名概念以及一些性质。

记$X_1,X_2,\cdots,X_n$表示 n 个元件的寿命。考虑由这组元件组成的两个系统：系统 1 和系统 2，分别记它们的寿命为T_1和T_2。记n_1和n_2分别为系统 1 和系统 2 包含的元件数量。其中，$n_1,n_2\leqslant n$。当$n_1+n_2>n$时，系统 1 和系统 2 必然共享至少一个元件，称系统 1 和系统 2 相互耦合，或统称系统 1 和系统 2 为耦合系统组，简记为$T_1\#T_2$，其中符号“#”表示耦合结构，系统 1 和系统 2 称为边际系统。特别地，当$n_1=n_2=n$时，系统 1 和系统 2 具有相同的组成元件，称系统 1 和系统 2 完全耦合。

对于一个耦合系统组来说，它的一个显著特点是，共享元件导致边际系统的

可靠性相互依赖，它们的寿命 T_1 和 T_2 不再相互独立。不难想象，对于固定的两个边际系统，它们可通过共享不同数量或者不同的元件集合而形成不同的耦合系统组。显然，不同的耦合结构下，两个边际系统的相依程度也将不同。因此，为准确有效地分析和评估系统的可靠性，研究刻画边际系统的耦合结构特征便显得格外重要。在元件寿命 $X_1, X_2, \cdots, X_n$ 独立且同分布的框架下，Navarro 等（2013）提出“二元耦合签名矩阵”成功实现了对耦合结构特征的刻画，并利用其给出了两个边际系统寿命的联合生存函数，分析了不同耦合结构对于耦合系统组寿命的影响。接下来介绍这一概念。

定义 8.1　设耦合系统组 $T_1 \# T_2$ 由 n 个元件构成，元件寿命 $X_1, X_2, \cdots, X_n$ 无结点且可交换，称矩阵 $\boldsymbol{s} = \left(s_{i,j}\right)$ 为耦合系统组 $T_1 \# T_2$ 的二元签名矩阵，其中

$$s_{i,j} = P\left(T_1 = X_{i:n}, T_2 = X_{j:n}\right), \quad i, j = 1, 2, \cdots, n$$

类似于二状态系统的签名变量概念，可以定义耦合系统组 $T_1 \# T_2$ 的二元签名变量 $\boldsymbol{N} = \left(N_1, N_2\right)$

$$P\left(N_1 = i, N_2 = j\right) = s_{i,j}, \quad 1 \leqslant i, j \leqslant n$$

记边际系统 1 和边际系统 2 的签名向量分别为 $\boldsymbol{s}^{(1)} = \left(s_1^{(1)}, s_2^{(1)}, \cdots, s_n^{(1)}\right)$ 和 $\boldsymbol{s}^{(2)} = \left(s_1^{(2)}, s_2^{(2)}, \cdots, s_n^{(2)}\right)$，即 N_1 和 N_2 的边际分布。容易得到，对任意的 $k \in [n]$，有

$$s_k^{(1)} = \sum_{j=1}^{n} s_{k,j}, \quad s_k^{(2)} = \sum_{i=1}^{n} s_{i,k}$$

二元签名矩阵 $\boldsymbol{s}$ 可通过枚举元件失效的排列组合获得。定义集合

$$A_{i,j} = \left\{\boldsymbol{\pi} \in \varPi_n\text{:}\ X_{\pi_1} \leqslant X_{\pi_2} \leqslant \cdots \leqslant X_{\pi_n}, T_1 = X_{\pi_i}, T_2 = X_{\pi_j}\right\}$$

它包含了满足条件 $\left\{T_1 = X_{i:n}, T_2 = X_{j:n}\right\}$ 的所有可能的元件失效排列。当元件寿命可交换时，任何元件失效排列 $\left\{X_{\pi_1} \leqslant X_{\pi_2} \leqslant \cdots \leqslant X_{\pi_n}\right\}$ 发生的概率均为 $\dfrac{1}{n!}$，则签名

$$s_{i,j} = \frac{\left|A_{i,j}\right|}{n!} \tag{8.19}$$

与元件寿命无关。

例 8.1　令 X_1, X_2, X_3 和 X_4 分别表示四个元件的寿命。考虑两个基于这四个元件构建的耦合系统组，其中边际系统的寿命分别表示为

$$T_1 = \min\left(\max\left(X_1, X_2\right), \max\left(X_2, X_3\right), \max\left(X_1, X_3\right)\right)$$
$$T_2 = \min\left(X_3, X_4\right)$$

表 8.1　4 元件的失效排列

元件失效排列	(N_1, N_2)	元件失效排列	(N_1, N_2)
$X_1 < X_2 < X_3 < X_4$	(2,3)	$X_3 < X_2 < X_1 < X_4$	(2,1)
$X_1 < X_2 < X_4 < X_3$	(2,3)	$X_3 < X_2 < X_4 < X_1$	(2,1)
$X_1 < X_3 < X_2 < X_4$	(2,2)	$X_3 < X_1 < X_2 < X_4$	(2,1)
$X_1 < X_3 < X_4 < X_2$	(2,2)	$X_3 < X_1 < X_4 < X_2$	(2,1)
$X_1 < X_4 < X_3 < X_2$	(3,2)	$X_3 < X_4 < X_1 < X_2$	(3,1)
$X_1 < X_4 < X_2 < X_3$	(3,2)	$X_3 < X_4 < X_2 < X_1$	(3,1)
$X_2 < X_1 < X_3 < X_4$	(2,3)	$X_4 < X_2 < X_3 < X_1$	(3,1)
$X_2 < X_1 < X_4 < X_3$	(2,3)	$X_4 < X_2 < X_1 < X_3$	(3,1)
$X_2 < X_3 < X_1 < X_4$	(2,2)	$X_4 < X_3 < X_2 < X_1$	(3,1)
$X_2 < X_3 < X_4 < X_1$	(2,2)	$X_4 < X_3 < X_1 < X_2$	(3,1)
$X_2 < X_4 < X_3 < X_1$	(3,2)	$X_4 < X_1 < X_3 < X_2$	(3,1)
$X_2 < X_4 < X_1 < X_3$	(3,2)	$X_4 < X_1 < X_2 < X_3$	(3,1)

表 8.1 罗列了元件失效排列的所有可能的情况，并给出 (N_1, N_2) 相应的观测值。由此，根据公式（8.19）得到耦合系统组 $T_1 \# T_2$ 的二元签名矩阵为

$$\boldsymbol{s} = \begin{pmatrix} 0 & 0 & 0 & 0 \\ 1/6 & 1/6 & 1/6 & 0 \\ 1/3 & 1/6 & 0 & 0 \\ 0 & 0 & 0 & 0 \end{pmatrix}$$

进一步，分别对二元签名矩阵的行和列求和，即可得到边际系统 1 和边际系统 2 的签名

$$\boldsymbol{s}^{(1)} = \left(0, \frac{1}{2}, \frac{1}{2}, 0\right)$$
$$\boldsymbol{s}^{(2)} = \left(\frac{1}{2}, \frac{1}{3}, \frac{1}{6}, 0\right)$$

8.2.2　混合表示

类似于经典签名混合表示，在耦合系统模型下，可以将边际系统联合生存函

数表示为次序统计量联合生存函数关于耦合系统签名的混合形式。

定理 8.6　考虑一个耦合系统组$T_1\#T_2$，其元件寿命无结点且可交换。记$\boldsymbol{s}$为该耦合系统组的签名矩阵，则对任意的$t_1,t_2>0$，有

$$P\left(T_1>t_1,T_2>t_2\right)=\sum_{i=1}^{n}\sum_{j=1}^{n}s_{i,j}P\left(X_{i:n}>t_1,X_{j:n}>t_2\right)$$

证明　运用全概率公式，可得

$$\begin{aligned}P\left(T_1>t_1,T_2>t_2\right)&=\sum_{i=1}^{n}\sum_{j=1}^{n}P\left(\boldsymbol{N}=(i,j)\right)P\left(T_1>t_1,T_2>t_2|\boldsymbol{N}=(i,j)\right)\\&=\sum_{i=1}^{n}\sum_{j=1}^{n}s_{i,j}P\left(X_{i:n}>t_1,X_{j:n}>t_2|\boldsymbol{N}=(i,j)\right)\end{aligned}$$

不难发现，当元件寿命无结点且可交换时，$X_{i:n}>t_1$，$X_{j:n}>t_2$和$\boldsymbol{N}=(i,j)$是独立的。故定理得证。

作为定理 8.6 的一个应用，给出一个基于耦合系统签名比较边际系统联合寿命的普通随机序的结果，这一结果类似于 2.2.2 节介绍的签名随机序封闭性定理。首先介绍多元随机变量的普通随机序定义。

定义 8.2　记$\boldsymbol{X}$和$\boldsymbol{Y}$是两个n元随机向量，称$\boldsymbol{X}$是依普通随机序小于$\boldsymbol{Y}$（记作$\boldsymbol{X}\leqslant_{\mathrm{st}}\boldsymbol{Y}$），是指对任意的单调增函数$f$都有

$$E\left[f\left(\boldsymbol{X}\right)\right]\leqslant E\left[f\left(\boldsymbol{Y}\right)\right]$$

（假定期望存在）。

需要指出的是，不同于一元普通随机序，多元普通随机序蕴含随机向量联合分布和联合生存函数的大小，但反之不一定成立。有关多元普通随机序的更详细的讨论，见 Shaked 和 Shanthikumar（2007）的第六章。

定理 8.7　设$T_1\#T_2$和$T_1^*\#T_2^*$是分别基于元件$\left\{X_1,X_2,\cdots,X_n\right\}$和$\left\{X_1^*,X_2^*,\cdots,X_n^*\right\}$构建的两个耦合系统组，假定元件寿命无结点且可交换。记它们的签名矩阵分别$\boldsymbol{s}$和$\boldsymbol{s}^*$，签名变量分别为$\boldsymbol{N}=\left(N_1,N_2\right)$和$\boldsymbol{N}^*=\left(N_1^*,N_2^*\right)$。若$\boldsymbol{N}\leqslant_{\mathrm{st}}\boldsymbol{N}^*$，$\boldsymbol{X}\leqslant_{\mathrm{st}}\boldsymbol{X}^*$，$(T_1,T_2)\leqslant_{\mathrm{st}}\left(T_1^*,T_2^*\right)$成立。

证明　由定理 8.6，对任意的单调增函数f，有下式成立

$$E\left[f(T_1,T_2)\right]=\sum_{i=1}^{n}\sum_{j=1}^{n}s_{i,j}E\left[f\left(X_{i:n},X_{j:n}\right)\right]$$

$$E\left[f\left(T_1^*,T_2^*\right)\right]=\sum_{i=1}^{n}\sum_{j=1}^{n}s_{i,j}^*E\left[f\left(X_{i:n}^*,X_{j:n}^*\right)\right]$$

$E\left[f\left(X_{i:n},X_{j:n}\right)\right]$关于 i，j 单调递增，由 $\boldsymbol{N}\leqslant_{\mathrm{st}}\boldsymbol{N}^*$ 可得

$$E\left[f(T_1,T_2)\right]\leqslant\sum_{i=1}^{n}\sum_{j=1}^{n}s_{i,j}^*E\left[f\left(X_{i:n},X_{j:n}\right)\right]$$

由于 $g\left(x_1,x_2,\cdots,x_n\right)=f\left(x_{i:n},x_{j:n}\right)$ 是单调递增的，$1\leqslant i,j\leqslant n$，由 $\boldsymbol{X}\leqslant_{\mathrm{st}}\boldsymbol{X}^*$ 可得

$$E\left[f\left(X_{i:n},X_{j:n}\right)\right]\leqslant E\left[f\left(X_{i:n}^*,X_{j:n}^*\right)\right],\quad 1\leqslant i,j\leqslant n$$

综上，有

$$\begin{aligned}E\left[f(T_1,T_2)\right]&\leqslant\sum_{i=1}^{n}\sum_{j=1}^{n}s_{i,j}^*E\left[f\left(X_{i:n},X_{j:n}\right)\right]\leqslant\sum_{i=1}^{n}\sum_{j=1}^{n}s_{i,j}^*E\left[f\left(X_{i:n}^*,X_{j:n}^*\right)\right]\\&=E\left[f\left(T_1^*,T_2^*\right)\right]\end{aligned}$$

定理得证。

耦合系统组的二元签名与第 6 章的三状态系统二元签名概念非常类似，事实上，后者是前者的特殊情形。Marichal 等（2017）严格地讨论了这一问题，而且他们将耦合系统签名的概念扩展到了更一般的寿命情形（仅无结点），限于篇幅，此处不再做详细介绍，有兴趣的读者请阅读该文献。

8.3　有序系统签名

8.3.1　定义

在可靠性工程中，工程师主要通过设计寿命试验获取相应的数据进而对系统或元件的可靠性进行统计推断。然而，在某些特殊场合下，试验者只能观测到系统的寿命数据，却不能完全获取元件的寿命数据。此时，工程师通常希望基于系统寿命数据推断元件寿命部分信息。

系统签名是使用系统寿命数据开展元件可靠性推断的有效工具，这方面的工作已在可靠性推断研究领域广泛开展，涉及元件寿命分布参数、非参数推断以及检验等问题，但大部分的工作都是基于经典的系统签名理论开展的，难有突破。

Balakrishnan 和 Volterman（2014）提出了有序系统的系统签名的概念，这一概念或工具能够有效开展基于有序系统寿命数据的元件寿命统计推断，如 Yang 等（2016）利用有序系统签名提出了估计元件分布参数的随机 EM 算法。有序系统签名概念的提出很好地拓展了签名理论在元件寿命推断方面的应用。本节将简要介绍有序系统签名这一重要概念。

考虑一个 n 元件系统由独立且同分布的元件组成，记它的签名为 $\boldsymbol{s}=\left(s_1,s_2,\cdots,s_n\right)$。现随机抽取 m 个这一基础系统的样品参与寿命试验，记 T_i 为（样品）系统 i 的寿命，$i\in\left[m\right]$，有序寿命或失效时间记为 $T_{1:m}\leqslant T_{2:m}\leqslant\cdots\leqslant T_{m:m}$。称寿命试验中第 k 个失效的系统为 k 阶有序系统 $\left(k=1,2,\cdots,m\right)$，其寿命为 $T_{k:m}$，$k\in\left[m\right]$。系统 i 的元件寿命记为 $X_1^{(i)},X_2^{(i)},\cdots,X_n^{(i)}$，失效有序时间记为 $X_{1:n}^{(i)}\leqslant X_{2:n}^{(i)}\leqslant\cdots\leqslant X_{n:n}^{(i)}$，$i\in\left[m\right]$。$k$ 阶有序系统的签名定义为 n 维向量 $\boldsymbol{s}^{(k:m)}=\left(s_1^{(k:n)},s_2^{(k:n)},\cdots,s_n^{(k:n)}\right)$，其中

$$s_j^{(k:m)}=\sum_{i=1}^{m}P\left(T_{k:m}=X_{j:n}^{(i)}\right),\quad j=1,2,\cdots,n \tag{8.20}$$

表示 k 阶有序系统的失效由它的第 j 个失效元件引起的概率。等价地，当元件寿命具有独立同分布的连续分布时，对任意的 $i\in\left[m\right]$，有下式成立

$$s_j^{(k:m)}=P\left(T_i=X_{j:n}^{(i)}\mid T_{k:m}=T_i\right) \tag{8.21}$$

即 k 阶有序系统签名 $s_j^{(k:m)}$ 为给定系统 i 恰为 k 阶有序系统的条件下该系统由第 j 个元件失效所导致的条件概率。概率上来讲，考虑一个由多个子系统构成的模块系统，假定所有的模块都有共同的签名，如果给定系统的失效是由于模块 i 的失效所导致的，那么模块 i 由第 j 次的元件（构成它的元件）失效所导致的概率为多少。这与第 4 章所考虑的模块系统的签名计算在问题上呈现了一种反向关系。

事实上，有序系统签名也可通过枚举元件失效的排列组合获得。为了方便表达，运用记号 $X_{(i-1)m+j}=X_j^{(i)}$，$i\in\left[m\right]$，$j\in\left[n\right]$将不同系统的寿命进行统一表述后，容易看到

$$s_j^{k:m}=\frac{\left|A_j^k\right|}{(mn)!} \tag{8.22}$$

其中，

$$A_j^k=\left\{\boldsymbol{\pi}\in\varPi_{mn}\text{：}\ X_{\pi_1}\leqslant X_{\pi_2}\leqslant\cdots\leqslant X_{\pi_{mn}},\bigcup_{i=1}^{m}\left\{T_{k:m}=X_{j:n}^{(i)}\right\}\right\}$$

由这一等价定义，可以得到有序系统签名向量$\boldsymbol{s}^{(k:m)}$与元件寿命分布无关的结论。

8.3.2 几个性质

在上述有序系统模型下，基础系统的信息完全由系统签名$\boldsymbol{s}$来表征。那么，一个基本的问题是，基础系统签名$\boldsymbol{s}$在有序系统签名中扮演什么样的角色。对于这一问题，可以简单地通过下面的讨论获得一些基本的认识。令集合

$$\mathcal{L}=\left\{\ell=\left(\ell_1,\ell_2,\cdots,\ell_n\right):\ \ell_1+\ell_2+\cdots+\ell_n=m\right\}$$

表示导致系统失效状态的所有可能组合，其中ℓ表示系统失效状态，它的元素ℓ_i表示由第i次元件失效导致失效的有序系统的数量，$i=1,2,\cdots,n$。则

$$s_j^{(k:m)}=\sum_{\ell\in\mathcal{L}}\binom{m}{\ell_1,\ell_2,\cdots,\ell_n}\prod_{i=1}^{n}s_i^{\ell_i}p_{j|\ell}^{(k:m)} \tag{8.23}$$

其中，$p_{j|\ell}^{(k:m)}$表示给定有序系统的失效计数状态，k阶有序系统失效源于它的第j个失效元件的条件概率，这一条件概率本质上就是一系列$X_{j_i:n}^{(i:m)}$的排序概率，与基础系统的签名无关。因此，式（8.23）很好地将基础系统的签名分离出来，清晰地展示了基础系统签名在有序系统签名中所扮演的角色，也为计算有序系统的签名提供了较为简便的方法，见例 8.2。

定理 8.8 有序系统签名与基础系统签名满足如下关系：

$$\frac{1}{m}\sum_{k=1}^{m}\boldsymbol{s}^{(k:m)}=\boldsymbol{s}$$

证明 根据式（8.20），对任意的$j\in[n]$，有

$$\begin{aligned}\sum_{k=1}^{m}s_j^{(k:m)}&=\sum_{k=1}^{m}\sum_{i=1}^{m}P\left(T_{k:m}=X_{j:n}^{(i)}\right)\\&=\sum_{i=1}^{m}\sum_{k=1}^{m}P\left(T_{k:m}=X_{j:n}^{(i)}\right)\end{aligned}$$

由事件

$$\left\{X_{j:n}^{(i)}=T_i\right\}\Leftrightarrow\bigcup_{k=1}^{m}\left\{T_{k:m}=X_{j:n}^{(i)}\right\}$$

以及事件$\left\{T_{k:m}=X_{j:n}^{(i)}\right\}$，$k\in[m]$互斥，故内层求和

$$\sum_{k=1}^{m} P\left(T_{k:m} = X_{j:n}^{(i)}\right) = s_j$$

定理得证。

对于一般基础系统，有序系统签名的计算较为复杂，一些特殊情形下的观察对计算有序系统签名非常有用。例如，由有序系统签名的定义不难得到一个简单的结果

$$s_j^{(k:m)} = 0 \Leftrightarrow s_j = 0 \tag{8.24}$$

此外，若定义 $\operatorname{rev}\left(a_1, a_2, \cdots, a_n\right) = \left(a_n, a_{n-1}, \cdots, a_1\right)$，$a \in \mathbb{R}^n$，由式（2.7）知系统与对偶系统的签名满足 $\boldsymbol{s}^D = \operatorname{rev} \boldsymbol{s}$。进一步，可以得到基础系统与对偶基础系统的有序系统签名有如下的关系。

定理 8.9 $\left(\operatorname{rev} \boldsymbol{s}\right)^{(k:m)} = \operatorname{rev}\left(\boldsymbol{s}^{(m-k+1:m)}\right)$。

证明 元件寿命独立同分布且连续时，$p_{j|\ell}^{(k:m)}$ 与元件的分布无关，容易得到，对任意的 $\ell \in \mathcal{L}$，$j \in [n]$ 和 $k \in [m]$，有下式成立

$$p_{j|\ell}^{(k:m)} = p_{n-j+1|\operatorname{rev}(\ell)}^{(m-k+1:m)} \tag{8.25}$$

在式（8.23）中，做变量 $\ell \to \operatorname{rev}(\ell)$ 替换，多项系数在该变换下不变，应用式（8.25）即可获得定理结论。

例 8.2 考虑图 2.1 所示的三元件串并联系统，已知其签名为

$$\left(s_1, s_2, s_3\right) = \left(\frac{1}{3}, \frac{2}{3}, 0\right)$$

假设有两个独立的该类系统参与寿命测试试验。下面计算有序系统签名。

表 8.2 基于 $\left(s_1, s_2, s_3\right) = \left(1/3, 2/3, 0\right)$ 的有序系统元件失效组合及 $p_{j|\ell}^{(k:m)}$ 值

ℓ_1	ℓ_2	ℓ_3	$\binom{2}{\ell_1, \ell_2, \ell_3}$	$s_1^{\ell_1} s_2^{\ell_2} s_3^{\ell_3}$	$p_{1\|\ell}^{(1:2)}$	$p_{2\|\ell}^{(1:2)}$	$p_{3\|\ell}^{(1:2)}$	$p_{1\|\ell}^{(2:2)}$	$p_{2\|\ell}^{(2:2)}$	$p_{3\|\ell}^{(2:2)}$
2	0	0	1	1/9	1	0	0	1	0	0
1	1	0	2	2/9	4/5	1/5	0	1/5	4/5	0
0	2	0	1	4/9	0	1	0	0	1	0

表 8.2 列出了两个系统所有可能的失效组合以及相应的 $p_{j|\ell}^{(k:m)}$ 值。首先由式（8.24），立即得到

$$s_3^{(1:2)}=0,\quad s_3^{(2:2)}=0$$

根据式（8.23），可以计算

$$s_1^{(1:2)}=1\times\frac{1}{9}\times1+2\times\frac{2}{9}\times\frac{4}{5}=\frac{7}{15}$$

$$s_2^{(1:2)}=2\times\frac{2}{9}\times\frac{1}{5}+1\times\frac{4}{9}\times1=\frac{8}{15}$$

$$s_1^{(2:2)}=1\times\frac{1}{9}\times1+2\times\frac{2}{9}\times\frac{1}{5}=\frac{1}{5}$$

$$s_2^{(2:2)}=2\times\frac{2}{9}\times\frac{4}{5}+1\times\frac{4}{9}\times1=\frac{4}{5}$$

综上，1 阶有序系统的签名为

$$\boldsymbol{s}^{(1:2)}=\left(\frac{7}{15},\frac{8}{15},0\right)$$

2 阶有序系统的签名为

$$\boldsymbol{s}^{(2:2)}=\left(\frac{1}{5},\frac{4}{5},0\right)$$

进一步，如定理 8.8 所述，将有序系统的签名元素相应叠加求均值，则可得到原始系统的签名

$$\frac{1}{2}\left(\boldsymbol{s}^{(1:2)}+\boldsymbol{s}^{(2:2)}\right)=\frac{1}{2}\left(\left(\frac{7}{15},\frac{8}{15},0\right)+\left(\frac{1}{5},\frac{4}{5},0\right)\right)=\left(\frac{1}{3},\frac{2}{3},0\right)$$

从例 8.2 可以看出，有序系统的签名在计算上非常复杂，针对简单的有序系统亦如此。一般地，在实际应用中，可以借助蒙特卡罗方法，利用初始系统的签名生成各阶有序系统的签名（Yang et al.，2016）。

最后介绍一个有序系统签名比较定理。对于 k 阶有序系统，显然系统的寿命几乎处处关于 k 单调递增。事实上，这一结果可以加强到签名意义下，即定理 8.10。在此不给出定理的证明，有兴趣的读者可以参见 Balakrishnan 和 Volterman（2014）命题 3 的证明。

定理 8.10　对任意的 $k_1\leqslant k_2\in[m]$，有如下不等式成立：

$$\boldsymbol{s}^{(k_1:m)}\leqslant_{\text{st}}\boldsymbol{s}^{(k_2:m)}$$

此外，若存在某对 $k_1<k_2$ 使得 $\boldsymbol{s}^{(k_1:m)}\geqslant_{\text{st}}\boldsymbol{s}^{(k_2:m)}$，则一定有基础系统为 n 中取 k 结构。

8.4 本章小结

本章主要介绍了三类扩展的签名概念，分别是概率签名、耦合系统签名以及有序系统签名，主要介绍这些签名的定义以及相关的基本性质。8.1 节介绍了概率签名的概念，并深入讨论了混合表示的问题，建立了混合表示基于元件寿命的等价刻画，这些等价刻画对理解签名概念以及进一步的应用非常重要；8.2 节介绍了耦合系统签名的概念，并建立了这一签名的混合表示定理，特别地，指出耦合系统签名是第 6 章二元签名的进一步扩展；8.3 节介绍了有序系统签名，这一概念的提出更多的是针对基于系统寿命数据的元件寿命信息推断问题，拓展了签名在这一问题上的应用。必须提到的是，本章仅介绍了上述三类扩展签名的基本性质，还有很多有意义的结论、应用以及扩展，感兴趣的读者可以进一步阅读相关文献，如 Navarro 等（2008，2010，2013），Marichal 和 Mothonet（2011），Marichal 等（2011, 2017）, Balakrishnan 和 Volterman（2014, 2016）, Yang 等（2016）, Zarezadeh 等（2018），Yi 等（2020）的相关研究。

参考文献

Aslett L J M，2012. Reliability theory：Tools for structural reliability analysis. R Package.

Balakrishnan N, Volterman W, 2014. On the signatures of ordered system lifetimes. Journal of Applied Probability，51（1）：82-91.

Balakrishnan N，Volterman W，2016. Exact nonparametric inference for component and system lifetime distributions based on joint signatures. IEEE Transactions on Reliability，65（1）：179-186.

Barlow R, Proschan F, 1981. Statistical theory of reliability and life testing: Probability models. Silver Spring：Reinhart and Wiston，Inc.

Boland P J，2001. Signatures of indirect majority systems. Journal of Applied Probability，38（2）：597-603.

Coolen F P A，Coolen-Maturi T，2013. Generalizing the signature to systems with multiple types of components//Complex Systems and Dependability. Berlin：Springer Berlin Heidelberg，2013：115-130.

D'Andrea A，de Sanctis L，2015. The kruskal-katona theorem and a characterization of system signatures. Journal of Applied Probability，52（2）：508-518.

Da G F, Chan P S，Xu M，2018b. On the signature of complex system：A decomposed approach. European Journal of Operational Research，265：1115-1123.

Da G F，Hu T Z，2013. On bivariate signatures for systems with independent modules//Stochastic Orders in Reliability and Risk. New York：Springer，2013：143-166.

Da G F，Xia L，Hu T Z，2014. On computing signatures of k-out-of-n systems consisting of modules. Methodology and Computing in Applied Probability，16（1）：223-233.

Da G F，Xu M C，Chan P S，2018a. An efficient algorithm for computing the signatures of systems with exchangeable components and applications. IISE Transactions，50（7）：584-595.

Da G F，Zheng B，Hu T Z，2012. On computing signatures of coherent systems. Journal of Multivariate Analysis，103（1）：142-150.

Ding W Y，Fang R，Zhao P，2020. An approach to comparing coherent systems with ordered components by using survival signatures. IEEE Transactions on Reliability：1-12.

El-Neweihi E，Proschan F，Sethuraman J，1978a. A simple model with applications in structural reliability，extinction of species，inventory depletion and urn sampling. Advances in Applied Probability，10（1）：232-254.

El-Neweihi E，Proschan F，Sethuraman J，1978b. Multistate coherent systems. Journal of Applied Probability，15（4）：675-688.

Gertsbakh I B，Shpungin Y，2012. Combinatorial approach to computing component importance indexes in coherent systems. Probability in the Engineering and Informational Sciences，26（1）：117-128.

Gertsbakh I B，Shpungin Y，Spizzichino F，2011. Signatures of coherent systems built with separate modules. Journal of Applied Probability，48（3）：843-855.

Gertsbakh I B，Shpungin Y，Spizzichino F，2012. Two-dimensional signatures. Journal of Applied Probability，49（2）：416-429.

Joag-dev K，Kochar S，Proschan F，1995. A general composition theorem and its applications to certain partial orderings of distributions. Statistics and Probability Letters，22：111-119.

Kleitman D，Markowsky G，1975. On Dedekind's problem：The number of isotone Boolean functions. Transactions of the American Mathematical Society，213：373-390.

Kochar S，Mukerjee H，Samaniego F J，1999. The "signature" of a coherent system and its application to comparisons among systems. Naval Research Logistics，46（5）：507-523.

Levitin G，Gertsbakh I，Shpungin Y，2011. Evaluating the damage associated with intentional network disintegration. Reliability Engineering & System Safety，96（4）：433-439.

Marichal J L，2015. Algorithms and formulas for conversion between system signatures and reliability functions. Journal of Applied Probability，52：490-507.

Marichal J L，Mathonet P，2011. Extensions of system signatures to dependent lifetimes：Explicit expressions and interpretations. Journal of Multivariate Analysis，102：931-936.

Marichal J L，Mathonet P，2013. Computing system signatures through reliability functions. Statistics & Probability Letters，83：710-717.

Marichal J L，Mathonet P，Navarro J，et al.，2017. Joint signature of two or more systems with applications to multistate systems made up of two-state components. European Journal of Operational Research，263（2）：559-570.

Marichal J L，Mathonet P，Spizzichino F，2015. On modular decompositions of system signatures. Journal of Multivariate Analysis，134：19-32.

Marichal J L，Mathonet P，Waldhauser T，2011. On signature-based expressions of system reliability. Journal of Multivariate Analysis，102（10）：1410-1416.

Navarro J，del Águila Y，2017. Stochastic comparisons of distorted distributions，coherent systems and mixtures with ordered components. Metrika，80（6/7/8）：627-648.

Navarro J，Rubio R，2010. Computations of signatures of coherent systems with five components. Communications in Statistics - Simulation and Computation，39（1）：68-84.

Navarro J，Samaniego F J，Balakrishnan N，2013. Mixture representations for the joint distribution of lifetimes of two coherent systems with shared components. Advances in Applied Probability，45（4）：1011-1027.

Navarro J，Samaniego F J，Balakrishnan N，et al.，2008. On the application and extension of system signatures in engineering reliability. Naval Research Logistics，55（4）：313-327.

Navarro J，Spizzichino F J，Balakrishnan N，2010. Applications of average and projected systems to the study of coherent systems. Journal of Multivariate Analysis，101（6）：1471-1482.

Ross S M，Shahshahani M，Weiss G. 1980. On the number of component failures in systems whose component lives are exchangeable. Mathematics of Operations Research，5（3）：358-365.

Samaniego F J，1985. On closure of the IFR class under formation of coherent systems. IEEE Transactions on Reliability，34（1）：69-72.

Samaniego F J，2007. System signatures and their applications in engineering reliability. New York：Springer.

Samaniego F J，Navarro J，2016. On comparing coherent systems with heterogeneous components. Advances in Applied Probability，48（1）：88-111.

Sengupta D，Chatterjee A，Chakraborty B，1995. Reliability bounds and other inequalities for discrete life distributions. Microelectronics Reliability，35（12）：1473-1478.

Shaked M，Shanthikumar G，2007. Stochastic Orders. New York：Springer Science & Business Media.

Shaked M，Suarez-Llorens A，2003. On the comparison of reliability experiments based on the convolution order. Journal of the American Statistical Association，98（463）：693-702.

Singh H，Singh R S，1997. On allocation of spares at component level versus system level. Journal of Applied Probability，34（1）：283-287.

Yang Y D，Ng H K T，Balakrishnan N，2016. A stochastic expectation-maximization algorithm for the analysis of system lifetime data with known signature. Computational Statistics，31（2）：609-641.

Yi H，Balakrishnan N，Cui L R，2020. On the multi-state signatures of ordered system lifetimes. Advances in Applied Probability，52（1）：291-318.

Yi H，Cui L R，2018. A new computation method for signature: Markov process method. Naval Research Logistics，65（5）：410-426.

Zarezadeh S，Mohammadi L，Balakrishnan N，2018. On the joint signature of several coherent systems with some shared components. European Journal of Operational Research，264（3）：1092-1100.